LE VOL NATUREL

ET

LE VOL ARTIFICIEL

PAR

Sir HIRAM S. MAXIM

TRADUIT PAR

LE Lt-COLONEL **G. ESPITALLIER**

PARIS
H. DUNOD ET E. PINAT, ÉDITEURS
49, Quai des Grands-Augustins, 49

1909

LE VOL NATUREL

ET

LE VOL ARTIFICIEL

LE VOL NATUREL

ET

LE VOL ARTIFICIEL

PAR

Sir HIRAM S. MAXIM

TRADUIT PAR

LE Lt-COLONEL G. ESPITALLIER

PARIS
H. DUNOD ET E. PINAT, ÉDITEURS
49, Quai des Grands-Augustins, 49

1909

AVANT-PROPOS DU TRADUCTEUR

On jugera sans doute qu'il y a quelque outrecuidance, de la part d'un simple traducteur, à faire précéder d'une préface un ouvrage signé d'un nom illustre et universellement connu.

Aussi bien, n'avons-nous pas l'intention de présenter, même à un public français, un auteur étranger, mais dont la notoriété s'impose.

Les opinions de sir Hiram Maxim, alors même qu'on serait tenté de les discuter, méritent toujours d'être exposées, et l'on trouvera, dans ce petit livre, des aperçus si judicieux et, jusqu'à un certain point, si neufs, encore qu'ils remontent à plusieurs années déjà, que ceux-là mêmes qui ont fait de l'aviation une étude approfondie seront heureux d'y rencontrer, soit la confirmation de leurs idées, soit même des idées contradictoires, mais ingénieuses et appuyées d'ailleurs sur une observation longue et méthodique.

Sir Hiram Maxim est, en effet, par le temps écoulé depuis ces premières études, un des précurseurs de la navigation aérienne.

Il faut, pour apprécier l'effort dépensé dans son œuvre considérable, se reporter à l'époque de cette tentative, en 1889; il faut se rappeler les ténèbres qui enveloppaient encore le problème du vol mécanique, aussi bien que les préjugés qui l'écartaient des préoccupations du monde savant.

Il ne suffisait pas, d'ailleurs, pour un esprit aussi préparé aux nécessités de la pratique, d'échafauder des conceptions théoriques sur une question aussi complexe, et, tout de suite, l'éminent ingénieur comprit qu'on ne saurait préparer des résultats féconds que par une expérimentation systématique.

Les expériences qu'il institua sont d'autant plus importantes, encore à l'heure actuelle, que, ne se contentant pas d'opérer sur des modèles réduits, — alors qu'en pareille matière les lois de la similitude sont fort sujettes à caution, — il voulut se servir de sustentateurs de grande envergure, pour aboutir à un appareil complet de vol mécanique, pour lequel son incomparable virtuosité d'ingénieur sut combiner une machinerie spéciale, d'une légèreté qui pouvait paraître incroyable à cette époque.

Il s'agissait d'un moteur à vapeur, car les temps n'étaient point révolus où les moteurs à essence devaient si facilement offrir aux aviateurs la solution du problème. L'invention du moteur à vapeur de sir Hiram Maxim était à elle seule géniale. Ce moteur ne pesait pas plus de 1 090 kilogrammes pour une puissance de 300 HP, soit 3^{kg},600 par cheval effectif, y compris le moteur, le générateur, le condenseur, les accessoires indispensables d'une pareille machine et le liquide évaporatoire.

*
* *

Une des plus grandes difficultés de la lecture d'un ouvrage anglais, sur le continent, réside dans l'emploi des mesures britanniques, qui ne sont guère familières à l'esprit des personnes habituées au système métrique.

Dans la traduction qu'on en fait, deux cas peuvent se présenter : ou les mesures indiquées sont essentielles et il est nécessaire de les transformer dans le texte même, pour les adapter aux usages du lecteur — c'est ce que nous avons fait d'une manière générale — ou bien, au contraire, l'auteur n'introduit des chiffres que pour étayer son raisonnement, et alors, qu'il s'agisse de livres et de pieds ou de kilogrammes et de mètres, la démonstration est aussi claire, parce que l'essentiel se trouve dans des rapports simples et sautant aux yeux. Il arrivera donc qu'en certains endroits de cette traduction, on retrouvera des unités britanniques, d'autant mieux que l'on est tenu à une extrême circonspection dans les remaniements nécessaires, surtout lorsqu'il est question de relevés d'expériences.

Quoi qu'il en soit, il ne sera pas inutile de donner, dès le seuil de cette étude, un tableau permettant la conversion facile des unités britanniques en mesures métriques et réciproquement.

G. ESPITALLIER.

Transformation des mesures britanniques en mesures métriques

Longueurs

Pouce (inch)		= $2^{cm},54$
Pied (foot)	= 12 pouces	= $3^{dm},048$
Yard	= 3 pieds	= $0^{m},9144$
Mille	= 1 760 yards	= $1^{km},6093$

Surfaces

Pouce carré	= $6^{cm2},45$
Pied carré	= $9^{dm2},29$
Yard carré	= $0^{m2},836$
Acre carré	= $0^{m2},4047$

Volumes

Pouce cube	= $16^{cm3},387$
Pied cube	= $28^{dm3},367$
Yard cube	= $0^{m3},7648$
Gallon (1) cube	= $4^{dm3},547$

Masses

Grain		= $0^{gr},0648$
Once (avoirdupoids)		= $28^{gr},349$
Livre		= $453^{gr},592$
Tonne	= 2240 livres	= $1\,016^{kg},05$

Livre d'eau en pintes	= 8
Livre d'eau en pieds cubes	= 0,016046
Livre d'eau en litres	= 0,454587
Livre d'eau en cm cubes	= 454,687
Gallon d'eau en livres	= 10
Gallon d'eau en pieds cubes	= 0,16057
Gallon d'eau en kilogrammes	= 4,5359
Litre d'eau en pouces cubes	= 61,0364
Litre d'eau en livres	= 2,20226
Litre d'eau en gallons	= 0,21998

1. Volume de 10 livres d'eau.

Air

1 pied cube à 62° pèse......... 532,5 grains
1 pied cube à 32° pèse........ 0,08073 livres

Unités thermiques

Grande calorie en unités thermiques anglaises = 3,9693
Grande calorie en petites calories anglaises.. = 1000
Grande calorie en pieds livres anglaises...... = 3065,7
Unités britanniques en grandes calories............. = 0,252
Unités britanniques en joules (équivalent mécanique) = 1047,96
Unités britanniques en pieds-livres................. = 778

Unités thermométriques

FAHRENHEIT EN CENTIGRADES. — *Au-dessus de zéro.* — Multiplier la différence entre le nombre de degrés et 32 par 5 et diviser le produit par 9.

Exemple :

$$(212° - 32) \times 5 : 9 = 180 \times 5 : 9 = 100°.$$

Au-dessous de zéro. — Ajouter 32 au nombre de degrés, multiplier la somme par 5 et diviser le produit par 9.

Exemple :

$$-(40° + 32°) \times 5 : 9 = -72° \times 5 : 9 = -40°.$$

CENTIGRADES EN FAHRENHEIT. — *Au-dessus du point de fusion de la glace.* — Multiplier le nombre de degrés par 9, diviser le produit par 5, et ajouter 32 au quotient :

Exemple :

$$100° \times 9 : 5 = 180° \text{ et } 180° + 32 = 212°.$$

Au-dessous du point de fusion de la glace. — Multiplier le nombre de degrés par 9, diviser le produit par 5 et prendre la différence entre 32 et le quotient.

Exemple :

$$10° \times 9 : 5 = 18° \text{ et } 32 - 18 = 14°.$$

PRÉFACE DE L'AUTEUR

C'est en 1856 que mon attention fut, pour la première fois, attirée sur la question des machines volantes.

Mon père, qui était un penseur profond et un fort habile mécanicien, semble avoir beaucoup réfléchi sur ce problème et s'être arrêté à un projet identique à ceux que des centaines d'inventeurs ont proposés depuis lors. Il avait à cette époque soixante ans et excellait dans la mécanique, prenant un vif intérêt à toutes les nouveautés écloses dans ce domaine.

La machine qu'il avait conçue et dont il a fait un croquis, était du genre hélicoptère, avec deux hélices tournant en sens inverse autour du même axe, montées, l'une sur un arbre plein, l'autre sur un arbre tubulaire concentrique. Le mouvement en sens inverse de ces hélices était obtenu au moyen d'un petit pignon et d'une roue conique, fixée sur chacun des deux arbres. Son projet prévoyait de grandes hélices à pas très réduit, et la propulsion horizontale devait être réalisée par l'inclinaison de l'axe de rotation vers l'avant.

Il admettait qu'il n'existait pas encore à cette époque de moteur d'une légèreté suffisante, mais pensait qu'on en pourrait inventer un, et qu'on pourrait faire marcher une machine à l'aide d'une série d'explosions dans le cylindre; c'est ce que l'on appelle aujourd'hui la conbustion interne; mais il ne voyait pas clairement comment on pourrait réaliser une telle machine.

Il disait d'ailleurs qu'un appareil volant aurait une telle importance en temps de guerre qu'il ne faudrait pas regarder au prix de l'explosif, fût-ce du fulminate de mercure.

Il est intéressant de noter à ce propos que le grand Peter Cooper, de New-York, s'avisa d'une machine à la même époque, et institua effectivement des expériences. Il semble que cet inventeur trouvait le fulminate de mercure trop faible et trop paresseux, puisqu'il eut recours au chlorure d'azote. Il dut d'ailleurs bientôt abandonner cette étude, par suite d'un accident qui lui coûta un œil, après quoi il renonça à expérimenter avec un si violent explosif.

Grâce aux nombreuses conversations que j'eus autrefois avec mon père sur ce sujet, la question n'a point cessé d'être présente à mon esprit, et je crois que ce fut en 1872, après avoir vu le moteur à air chaud de Roper et le moteur à pétrole de Brayton, que je m'attaquai au problème et me mis à faire les dessins d'une machine du type hélicoptère ; mais, au lieu de deux hélices superposées, je compris tout de suite qu'il vaudrait beaucoup mieux avoir deux hélices largement espacées, de façon que chacune d'elles attaquât de l'air neuf, dont l'inertie n'aurait pas été troublée.

Le projet de la machine en elle-même était une chose simple ; mais c'était le moteur qui m'embarrassait. J'avais beau retourner la question sous toutes ses faces, le moteur était toujours trop lourd.

Il paraît que le moteur Brayton fut présenté à l'Exposition centennale de Philadelphie, en 1876, et qu'Otto visita cette exposition. Jusqu'à cette époque, il avait construit une sorte de moteur-fusée [1], c'est-à-dire un moteur dans lequel le mélange explosif provoquait le mouvement alternatif du piston, une roue et un pignon transmettant le mouvement à l'arbre de rotation au moyen d'un linguet et d'un rochet. Il paraît qu'Otto prit intérêt au moteur Brayton, comme à une machine qui réalisait évidemment un grand progrès sur la sienne propre. Ce moteur développait, même en ce temps-là, un cheval-vapeur de puissance effective, par heure, avec une consommation de 500 grammes de pétrole ; mais il était très lourd, très dur au démarrage, et sa marche n'était pas toujours assurée. L'arbre qui commandait la soupape était parallèle au cylindre et placé exactement dans la position qu'il occupe dans le moteur Otto actuel ; mais, au lieu d'aller moitié moins vite que l'arbre coudé, il faisait le même nombre de tours.

Quoi qu'il en soit, il est évident qu'Otto, à son retour en Allemagne, fit son profit de ce qu'il avait

1. A réaction (G. E.).

vu; il construisit alors une nouvelle machine qui, en réalité, tient le milieu entre son ancien moteur et celui de Brayton; le résultat constitue une invention capitale, qui a été d'un profit incalculable pour l'humanité. C'est, en effet, ce moteur qui aujourd'hui actionne nos automobiles, et c'est le seul qui convienne à une machine volante; mais ce moteur lui-même n'était pas encore suffisamment au point, en ce qui concerne la légèreté, pour que je pusse l'employer.

Les dessins que je fis en 1873, bien que n'ayant que peu ou pas de valeur, maintinrent mon esprit appliqué au vol artificiel, et lorsque j'étais loin de chez moi, pour mes affaires, surtout quand je voyageais à l'étranger, je m'amusais souvent à faire là-dessus des calculs mathématiques. A vrai dire, la formule que j'employais à cette époque — celle de Haswell — n'était pas exacte; néanmoins elle était assez approchée pour avoir une valeur appréciable. En outre, l'erreur de cette formule affectait l'hélicoptère juste autant que l'aéroplane, et, comme j'avais en vue, tout d'abord, d'établir les mérites comparatifs des deux systèmes, l'erreur, bien que notable, n'avait absolument aucune influence sur la conclusion, qui était en faveur de l'aéroplane.

La machine que j'ai conçue à cette époque comportait des plans sustentateurs superposés d'une grande envergure. Dans l'autre sens, c'est-à-dire en profondeur, leurs dimensions étaient plutôt déterminées en vue de prévenir une chute trop rapide qu'en vue de la force ascensionnelle. Je voyais qu'il faudrait des gouvernails d'avant et d'arrière, placés à grande distance l'un de l'autre, pour garantir l'appareil contre une brusque plongée; il me semblait en outre, que, plus ces gouvernails seraient écartés, plus la manœuvre du système serait facilitée.

N'ayant jamais douté du bon rendement des hélices de propulsion agissant dans l'air, je résolus d'en employer deux grandes, tournant en sens opposé.

Bien entendu tout cela restait dans le domaine de la théorie; mais plus tard, je pus faire des vérifications expérimentales effectives, avant de construire ma machine, et c'est une très grande satisfaction pour moi de voir que toutes les machines volantes, qui connaissent aujourd'hui le succès, ont été construites selon les plans que j'avais conçus à cette époque, et choisis comme les meilleurs. Toutes ont des plans sustentateurs superposés, très longs de tribord à bâbord ; toutes ont des gouvernails horizontaux d'avant et d'arrière, et toutes sont propulsées par des hélices.

La seule différence entre ces appareils et mon modèle réside dans une modification du bâti, rendue possible par l'absence de la chaudière, du réservoir d'eau et du moteur à vapeur.

Dans ce petit opuscule, je m'étends longuement sur les courants aériens, le vol des oiseaux et l'équilibre des cerfs-volants, peut-être au prix de quelques répétitions. Comme le vol des cerfs-volants et celui des oiseaux sont analogues à plus d'un titre, il faut bien se repéter.

Ceux qui vont en mer, sur des navires, doivent savoir quelque chose des courants marins qu'ils peuvent rencontrer ; sur un navire à voiles, en particulier, il est certainement très important de connaître les courants aériens, et il en est de même pour les machines volantes qui, dans les vols à longue distance, seront sans cesse exposées à rencontrer des courants erratiques.

Je me suis proposé, en examinant ces trois questions — courants aériens, vol des oiseaux et vol des cerfs-volants — de les élucider pour ceux qui veulent naviguer dans les airs, afin qu'ils puissent savoir d'avance les difficultés qu'ils y rencontreront et qu'ils soient préparés à les combattre.

Le vol des oiseaux et celui des cerfs-volants sont parmi les sujets où l'on a discuté à l'infini. Il y a de longues années, après avoir lu de nombreux ouvrages sur ce problème, je me suis mis à observer rigoureusement par moi-même, et, dans mes voyages, j'ai toujours cherché à m'instruire autant qu'il m'a été permis.

J'ai essayé de traiter la question dans un langage simple et aisément intelligible, et de la présenter assez clairement pour prévenir le retour de nouvelles disputes. Je ne regarde pas du tout ce que je dis comme un exposé théorique, mais simplement comme l'exposé tout uni de faits constants et aisément démontrables. Pendant les quelques dernières années, on a écrit nombre de manuels et de traités scientifiques sur le vol artificiel ; parmi tous ces ouvrages, le plus soigné et de beaucoup le plus sûr est l'*Aide-Mémoire d'aéro-*

nautique du major Hermann W.-L. Mœdebeck[1].

Dans quelques autres ouvrages que j'ai examinés récemment, je trouve une masse déconcertante de calculs mathématiques des plus compliqués, avec un nombre de notations presque infini, s'étalant sur des centaines de pages; mais en examinant de près quelques-unes de leurs conclusions, je trouve qu'une grande quantité d'équations mathématiques sont basées sur une hypothèse erronée, et que les résultats obtenus sont très loin de la vérité.

J'ai donné quelques diagrammes qui expliqueront ma pensée. Ce qu'il faut aux expérimentateurs d'aviation — et il y en aura beaucoup d'ici peu — c'est un traité qu'ils puissent comprendre et qui n'exige pas d'instruments plus délicats qu'une règle de charpentier de 2 pieds et une balance d'épicier. Les calculs relatifs à la poussée ascensionnelle, à la traction horizontale, qu'on appelle aussi traînée, et au frottement superficiel d'un aéroplane sont extrêmement simples, et il est parfaitement possible d'exposer les choses de manière qu'elles soient à la portée de quiconque a la plus légère teinture des mathématiques. Les mathématiques de l'ordre le plus élevé, exprimées en formules laborieuses, font très bien dans les communications entre professeurs de collèges — si encore elles arrivent à être comprises. Mais, quand ces calculs sont si compliqués qu'il faut tout un jour à un mathématicien expert pour étudier une seule

1. *Taschenbuch zum praktischen Gebrauch für Flugtechniker und Luftschiffer*, par Hermann W. L. Mœdebeck (Berlin, W. Verlag W. H. Kühl).

page ; quand en outre, une fois l'énigme résolue, nous trouvons que ces calculs sont basés sur une erreur, et que les résultats sont en contradiction avec les faits, il est bien évident qu'ils ne valent pas grand'chose pour l'expérimentateur.

Pendant de longues années, on eut une confiance aveugle dans la loi de Newton. O. Chanute, après avoir examiné mes expériences, écrivit que la loi de Newton était vingt fois fausse — entendant par là qu'un aéroplane soulèverait pratiquement un poids vingt fois plus grand qu'on ne pourrait le prévoir par la loi de Newton.

Quelques récentes expériences que j'ai faites moi-même, avec des vitesses extrêmement grandes et une inclinaison très faible, semblent démontrer que le coefficient d'erreur est plus près de 100 que de 20. On voit donc combien peu cette question était comprise jusqu'à une date tout à fait récente ; et même maintenant, les mathématiciens qui écrivent des livres et usent d'une telle quantité de formules, ne s'accordent en aucune manière, comme en témoigne la masse des controverses qui ont paru dans l'*Engineering* pendant ces quatre derniers mois.

Quand un aéroplane incliné de $\frac{1}{20}$, par exemple, se meut à travers l'air avec une grande vitesse, il chasse bien entendu l'air sous lui vers le sol, avec une vitesse égale au dixième de la sienne propre, — c'est-à-dire que, en parcourant 10 mètres, il fait tomber l'air de 1 mètre. Un grand nombre de mathématiciens se basent entièrement sur l'accélération de la masse d'air sous l'aréoplane, accélération proportionnelle au carré de la vitesse communiquée à cet air. Mais supposons maintenant que l'aréoplane soit mince et bien construit, que les deux faces inférieure et supérieure soient également lisses et sans défauts; non seulement l'air engagé sous la face inférieure est chassé vers le bas, mais en outre une autre masse d'air suit exactement le contour de la face supérieure et se trouve rejetée vers le bas avec la même vitesse moyenne que l'air qui a longé la face inférieure, de sorte que, si nous voulons envisager la force ascensionnelle de l'aéroplane, nous avons à tenir compte, dans l'équation, de l'air qui passe au-dessus de l'aéroplane, cet air ayant exactement la même masse et la même accélération que celui qui passe dessous.

Même sur cette base, le calcul ne donnera jamais une force ascensionnelle aussi grande qu'elle est réellement en pratique; en fait,les rares mathématiciens qui ont expérimenté par eux-mêmes parlent de la force ascensionnelle des aéroplanes peu inclinés et animés d'une grande vitesse, comme d'une chose inexplicable. Bien peu de théoriciens paraissent posséder convenablement la question. Cependant il en est trois qui la comprennent à fond; mais ce sont tous trois des mathématiciens hors ligne — lord Kelvin, lord Rayleigh et le professeur Langley.

En mettant sous les yeux du public les résultats de mes expériences et les conclusions auxquelles je suis arrivé, je dois nécessairement montrer les appareils que j'employais, sinon on pourrait supposer que mes conclusions ne sont que des hypohèses, ou des résultats de calculs mathématiques qui peuvent être, ou non, fondés sur une fausse hypothèse; c'est ce qui m'excuse de décrire ma chaudière et mon moteur, mon manège rotatif et ma grande machine volante. Je ne m'attends pas du tout à voir jamais personne s'adresser encore au moteur à vapeur, la chaudière étant toujours trop lourde; en outre, la quantité de combustible nécessaire est beaucoup plus grande que dans un moteur à combustion interne, et il faut assurément sept fois plus d'eau. Mais enfin la description que je donne ici de mes appareils montrera que j'avais les instruments nécessaires pour les expériences que je rapporte dans cet ouvrage.

Dans l'Appendice, on trouvera une description de ma machine et de quelques-uns de mes appareils. Les conclusions auxquelles j'étais arrivé avaient été consignées par écrit à cette époque avec le plus grand soin; elles présentent l'intérêt de montrer que, déjà à cette date, j'avais créé une machine qui soulevait un poids très supérieur au sien propre, et possédait tous les éléments essentiels, pour tout ce qui est des plans sustentateurs superposés, des gouvernails horizontaux d'avant et d'arrière, et des hélices de propulsion. qu'on retrouve depuis lors sur toutes les machines qui ont réussi. Le fait que l'on ne s'est en somme écarté sur aucun point essentiel de mon plan primitif, me montre que j'avais conçu le meilleur type de machine avant même de m'être mis à l'œuvre.

HIRAM S. MAXIM.

LE VOL NATUREL
ET
LE VOL ARTIFICIEL

CHAPITRE I

PRÉLIMINAIRES

Mon but, en préparant la publication de ce petit ouvrage, a été de donner une description de mon œuvre expérimentale et d'expliquer les machines et les méthodes qui m'ont mis à même d'arriver à certaines conclusions au sujet du problème de l'aviation. Les résultats de mes expériences ne cadraient pas avec les formules mathématiques jusqu'alors admises, mais je n'ai nul désir de faire ici un ouvrage de mathématiques; je laisse à d'autres cette partie du problème, et pour moi, je me borne absolument aux données effectives fournies par mes expériences et par mes propres observations.

Durant les quelques dernières années, on a publié un nombre considérable de manuels. Ils sont pour la plupart dus à des mathématiciens de profession, qui se sont persuadé que tous les problèmes se rattachant à la vie terrestre sont susceptibles d'être résolus à l'aide de formules algébriques, à condition, bien entendu, d'employe un nombre suffisant de signes. Si l'alphabet arabe, usité dans la langue anglaise, ne suffit pas, ils épuisent aussi l'alphabet grec, et même il paraît qu'il faut encore aller chercher de temps en temps les caractères chinois. Comme, cette fois, la provision est illimitée, c'est évidemment qu'on va dans la bonne direction. En réalité, bien des facteurs du problème qu'ils traitent sont complètement inconnus et inconnaissables; cela ne les empêche pas un seul instant d'édifier une solution complète sans le secours d'aucune espèce de données expérimentales. Si le résultat de leurs calculs ne concorde pas avec les faits, « tant pis pour les faits ».

Il y a vingt ans encore, la loi erronée de Newton sur la résistance atmosphérique était aveuglément admise; ce ne fut pas un mathématicien qui en dénonça la fausseté, et en fait, nous avons aujourd'hui quantité de mathématiciens qui peuvent prouver par des formules que la loi de Newton est absolument correcte et inattaquable. Ce fut un expérimentateur qui découvrit l'erreur de la loi de Newton.

Dans un des petits traités mathématiques que j'ai sous les yeux, je trouve des dessins d'aéroplanes placés sous un angle trop fort et impraticable, avec des lignes en pointillé montrant la manière dont l'auteur pense que l'air est devié en arrivant au contact. Les lignes pointillées montrent que l'air qui frappe la face supérieure ou frontale de l'aéroplane, au lieu de suivre la surface et de s'échapper par le bord postérieur qui est le plus rapproché du sol, suit un chemin totalement différent et opposé, passant par-dessus le bord antérieur, qui est le plus élevé, produisant un grands remous de courants confus sur la face dorsale, au-dessus et en arrière de l'aéroplane. Il est très évident que l'air ne suit jamais le chemin divaguant indiqué dans ces dessins ; en outre, l'inclinaison de l'aéroplane est bien plus grande qu'on ne songera jamais à la réaliser dans aucune machine volante véritable. Suivent deux pages pleines de formules mathématiques rigoureuses, toutes basées sur cette hypothèse erronée.

Il n'est que trop évident que des mathématiques de

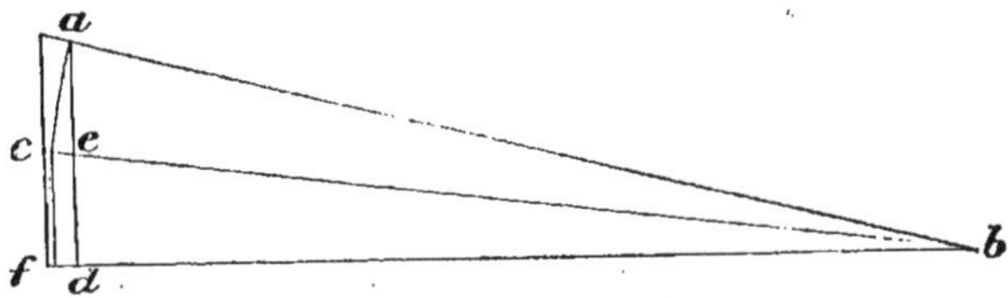

Fig. 1.

Diagramme indiquant quelle est la différence entre l'aire de l'aéroplane et sa projection horizontale, suivant la hauteur du bord frontal au-dessus de l'horizontale. — *ab* est inclinée au $\frac{1}{4}$, ce qui est l'inclinaison la plus forte qui sera jamais employée dans une machine volante, et sous cette inclinaison, la projection de l'aire ne diffère de la surface de l'aéroplane que d'environ 2 0/0. La ligne *cb* est inclinée au $\frac{1}{8}$, et ne réduit la projection de l'aire que d'une quantité infinitésimale. Lorsqu'on fait croître l'angle d'inclinaison, la projection de l'aire décroit comme croit le sinus verse *fd*.

ce genre ne peuvent être d'un grand usage pour l'expérimentateur sérieux. L'équation algébrique donnant la force verticale de sustentation ou *poussée* et la réaction horizontale, ou *traînée* d'un aéroplane bien construit[1], est extrêmement simple ; sous toute inclinaison pratique de $\frac{1}{20}$ à $\frac{1}{5}$, la force de sustentation dépassera juste la traînée, dans la même proportion que la largeur de la surface dépassera l'élévation du bord frontal au-dessus de l'horizontale, — c'est-à-dire que, si nous inclinons

1. Les expressions *poussée* et *traînée* ont été proposées par le Colonel Renard (N. du T.).

un aéroplane de $\frac{1}{10}$ et que nous poussions en avant cet aéroplane avec une force de 1 kilogramme, l'aéroplane lèvera 10 kilogrammes. Si nous réduisons la pente à $\frac{1}{16}$ la force ascensionnelle sera 16 fois plus grande que la traction. Il est bien vrai que, à mesure qu'on relève le bord frontal de l'aéroplane, la projection horizontale de son aire est réduite, — c'est-à-dire que, si nous prenons la largeur de l'aéroplane comme rayon, l'élévation du bord frontal réduira la projection horizontale de l'aire, juste dans la proportion où s'accroît le sinus verse. Par exemple, supposons que le sinus de l'angle soit $\frac{1}{6}$ du rayon, donnant, bien entendu, à l'aéroplane une inclinaison de $\frac{1}{6}$, ce qui est la limite de l'angle pratique, cela ne réduira la projection de l'aire que d'environ 2 0/0, tandis que les angles plus faibles et plus usités sont réduits bien moins que de 1 0/0. On voit donc que ce facteur est si faible qu'on peut le négliger dans l'aviation pratique.

Quelques mathématiciens ont démontré avec des formules, sans l'appui des faits, qu'on doit tenir grand compte du frottement superficiel; mais comme il n'y en a pas deux d'accord, pas plus là qu'ailleurs, et que certains même ne sont plus d'accord aujourd'hui avec ce qu'ils écrivaient l'an passé, je pense que nous pouvons aligner tous leurs résultats, les additionner, et ensuite diviser par le nombre de mathématiciens ; nous aurons ainsi le coefficient moyen d'erreur. Si nous soumettons la question à l'expérience, nous trouvons que presque tous les mathématiciens se trompent radicalement, excepté, bien entendu, le professeur Langley.

J'avais fait un aéroplane de laiton laminé (20 jauges); il était large de $0^m,30$ et lisse des deux côtés ; je lui donnai une courbure d'environ $1^{mm},6$ et limai les bords jusqu'à les rendre effilés et tranchants. Je le montai avec grand soin dans un courant d'air parfaitement horizontal de 64 kilomètres à l'heure. Quand cet aéroplane était placé sous une inclinaison quelconque de $\frac{1}{8}$ à $\frac{1}{20}$, la poussée ascensionnelle était toujours exactement proportionnelle à la pente. La distance dont le bord frontal était relevé au-dessus de l'horizontale était toujours à la largeur de l'aéroplane dans le rapport de la traînée à la force ascensionnelle. A cause de l'effet perturbateur dû à la rotation des hélices qui produisaient le courant d'air, nous pouvons considérer que tous les joints du système pesant étaient absolument sans frottement, puisque la perturbation les amenait dans la position convenable, tout à fait indépendamment du frottement. J'étais donc à même d'observer très exactement la poussée et la traînée.

Comme exemple de la façon dont ces expériences étaient conduites, je dirai que le moteur employé était muni d'un régulateur très sensible et précis. Les transmissions étaient aussi très bonnes. Avant de faire ces expériences, l'appareil était essayé au point de vue de l'effort de traction, sans plan sustentateur en position, et avec des poids capables d'équilibrer exactement tout effet que le vent peut avoir sur les différents organes, en dehors de l'aéroplane. L'aéroplane était alors mis en position, et un autre système de poids appliqué jusqu'à équilibrage exact, toutes les pièces articulées étant enlevées, afin d'éliminer le frottement dans les joints. Le moteur était alors mis en marche; j'appliquais des poids contrebalançant exactement la force ascensionnelle de l'aéroplane, et d'autres poids équilibrant exactement la traction ou tendance à l'entraînement sous le vent. De la sorte, j'étais à même de m'assurer, avec un haut degré de précision, de la différence relative entre la force ascensionnelle et la traction. S'il y avait là un frottement superficiel, même de l'ordre de 2 0/0, il devait être mis en évidence.

Cet aéroplane en laiton fut essayé sous des angles variables, et toujours il donna les mêmes résultats; mais bien entendu je ne pouvais pas employer ce lourd appareil de laiton sur une machine volante; il me fallait chercher quelque chose de plus léger. Je fis donc des expériences avec d'autres matières, et j'en ai donné les résultats. Cependant, avec un aéroplane en bois bien construit, large de 0^{m},30 et avec une épaisseur de 11 millimètres au centre, j'obtins des résultats presque identiques à ceux du mince aéroplane de laiton; mais on ne peut pas supposer qu'en pratique un aéroplane est complètement sans frottement. S'il est très raboteux, de forme irrégulière, et s'il présente des saillies quelconques sur les surfaces supérieures ou inférieures, il y aura beaucoup de frottement, bien qu'à proprement parler, ce ne soit pas un frottement superficiel; mais cela absorbera de la puissance, et le coeffide ce frottement peut aller de 0,05 à 0,40. Ces expériences avec l'aéroplane de laiton démontraient que la force ascensionnelle était proportionnelle à l'angle et que le frottement superficiel, si tant est qu'il existât, était extrêmement faible.

Toutefois, ce résultat est loin de concorder avec un certain genre de raisonnement qui peut paraître très plausible et qui, conséquemment, est généralement accepté. Les auteurs ont régulièrement supposé que la force ascensionnelle d'un aéroplane était, non pas proportionnelle à son inclinaison, mais au carré du sinus de l'angle.

Donnons quelques explications pour éclaircir la chose. Supposons qu'un aéroplane soit large de 20 centimètres et que le bord frontal soit élevé de 1 centimètre au-dessus de l'horizontale.

En langage ordinaire on dira, bien entendu, que l'inclinaison est de $\frac{1}{20}$; mais les mathématiciens envisagent la question d'un point de vue différent. Ils prennent la largeur de l'aéroplane pour unité, ou pour rayon, et le centimètre de relèvement du bord frontal comme une fraction de cette unité, ce qui revient à lui donner le nom géométrique de sinus de l'angle dont l'aéroplane est soulevé sur l'horizon.

Supposons maintenant que nous ayons un autre aéroplane identique et que nous levions son bord frontal de 2 centimètres au-dessus de l'horizontale. Il est très évident que, dans ces conditions, le sinus de l'angle sera double et que le carré du sinus de l'angle sera quadruple.

Tous les anciens mathématiciens, et quelques-uns de ceux d'aujourd'hui, imaginent que la force ascensionnelle doit être proportionnelle au carré du sinus de l'angle. Voici leur raisonnement : si un aéroplane est poussé à travers l'air à une certaine vitesse, l'aéroplane pour lequel le sinus de l'angle est de 2 centimètres chassera l'air en bas deux fois plus vite que celui pour lequel le sinus de l'angle n'est que d'un centimètre, et comme la force du vent soufflant contre une surface normale croît comme le carré de la vitesse, la même loi reste applicable dans le cas d'une surface normale pénétrant dans l'air tranquille. Par ce raisonnement on est conduit à supposer qu'un aéroplane placé sous un angle de $\frac{1}{10}$ aura une force ascensionnelle quatre fois plus grande qu'un autre qui ne serait incliné que de

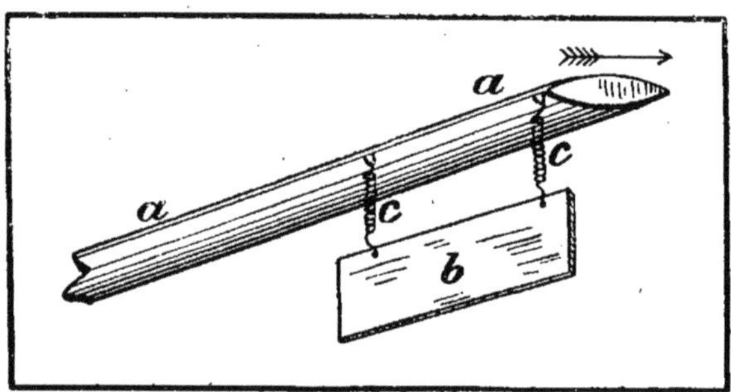

Fig. 2. — Expériences du professeur Langley.

a, extrémité du bras rotatif ; *b* plaque de laiton pesant 1 livre ; *c*, *c*, ressorts à boudins. Quand l'armature pénétrait dans l'air dans la direction indiquée, la plaque prenait une position à peu près horizontale, et la traction sur les ressorts *c*, *c* était réduite de 1 livre à 1 once (de 453 grammes à 28 grammes).

$\frac{1}{20}$; mais l'expérience a montré que cette théorie est très éloignée de la vérité. Il y a des douzaines de façons de montrer, à l'aide des mathématiques pures, que la loi de Newton est tout à fait rigoureuse ; mais quand il s'agit de construire une machine volante, aucune théorie n'est bonne, si elle ne concorde pas avec les faits, et c'est un fait, indubitablement, que la force ascensionnelle d'un aéroplane, au lieu de croître comme le carré du sinus de l'angle, croît seulement comme l'angle.

Lord Kelvin, quand il vint me voir, fut, je crois, le

premier à mentionner ce fait et à dénoncer l'erreur de la loi de Newton. Le professeur Langley aussi mit en évidence cette erreur, et d'autres expérimentateurs ont trouvé que la force ascensionnelle ne croît pas comme le carré du sinus de l'angle.

Pour en finir avec ce sujet, lord Rayleigh, que personne ne récusera, je pense, ne voulut pas non plus tomber dans l'erreur, et fit quelques très simples expériences, qui lui permirent de démontrer que, de deux aéroplanes, celui pour lequel on peut considérer que le sinus de l'angle était de $\frac{1}{4}$ de centimètre, s'élevait avec légèrement plus de force qu'un aéroplane similaire, dans lequel le sinus de l'angle était de $\frac{1}{2}$ centimètre. Naturellement lord Rayleigh n'exprime pas cela en centimètres, ni en pouces, mais en fractions du rayon. Ses aéroplanes étaient d'ailleurs très petits. Nous pouvons donc être assurés que la force ascensionnelle d'un aéroplane sous un angle pratique, toutes choses égales d'ailleurs, croît en raison directe de l'angle d'inclinaison.

Dans ce petit ouvrage, j'ai cherché à faire aussi simple que possible ; il n'est pas destiné à des mathématiciens, et j'ai, par suite, préféré indiquer les inclinaisons par la pente plutôt que par des angles en degrés. Si je dis : une inclinaison de $\frac{1}{20}$, tout le monde comprendra, et il suffit d'une règle de charpentier de 2 pieds pour reconnaître quelle est cette pente. En outre, des mesures élémentaires rendent les calculs beaucoup plus simples, et la force ascensionnelle est d'une conception immédiate et facile sans aucun calcul.

Si les angles étaient exprimés en degrés et minutes, il faudrait avoir un rapporteur ou un aide-mémoire afin de se rendre compte de l'inclinaison réelle.

Quand je fis mes expériences, je n'avais en vue que d'obtenir des données correctes, pour être en état de construire une machine volante qui s'élèverait en l'air. A ce moment-là j'étais fort occupé, et pendant les deux premières années de mes travaux expérimentaux, je passai quatorze mois hors d'Angleterre. Après avoir construit mes appareils, je menai mes expériences d'un assez bon train, il est vrai ; mais je projetais de les revoir plus tard avec méthode et réflexion, d'en faire beaucoup d'autres, de mettre par écrit les résultats et d'en préparer un rapport que j'aurais publié. Cependant la propriété où je faisais des expériences fut vendue par la compagnie à qui elle appartenait, et mon œuvre n'était pas finie, de sorte que je n'ai aujourd'hui que les quelques bribes de résultats que j'avais consignés à ce moment-là.

Je publie aussi certaines observations que j'ai notées brièvement après que j'eus réussi à enlever un poids plus fort que le poids mort de ma machine elle-même. Je pense que les expériences que j'ai faites avec un aéroplane de 20 centimètres de largeur seulement paraîtront des plus concluantes. Tout fonctionnait à frottement doux, et les expériences étaient conduites avec un très grand soin. Toute formule sur la force ascensionnelle de l'aéroplane devrait être basée sur ce que j'obtins avec le 20 centimètres.

Je n'ai fait que peu d'expériences comparatives entre plans de différentes largeurs. Cependant je pense que nous pouvons tous admettre qu'un aéroplane large[1] n'est pas d'un rendement aussi économique qu'un étroit. Afin de montrer la chose, supposons que nous ayons un aéroplane placé sous un angle tel qu'il puisse soulever 10 kilogrammes par mètre carré à une vitesse de 60 kilomètres à l'heure, il est bien évident que l'air qui s'échapperait à l'arrière serait animé lui-même d'une vitesse descendante correspondant à l'accélération que le plan lui a imprimée. Si nous voulons faire réagir cet air sous un second plan exactement de la même largeur que le premier et placé à sa suite, pour obtenir la même poussée ascensionnelle, en tenant compte de l'inclinaison de la vitesse imprimée à la masse d'air, il faudra augmenter la pente de ce second plan ; en outre, il faudra dépenser plus de puissance relativement au poids soulevé. Si nous disposons à la suite un troisième plan, il faudra encore le placer sous un angle susceptible de donner à l'air une accélération supplémentaire, et ainsi de suite. Chaque plan que nous ajoutons sera placé sous un angle plus grand, et la puissance nécessaire sera juste proportionnelle à l'angle moyen de tous ces plans. Or un large aéroplane se comportant identiquement comme plusieurs petits placés immédiatement à côté les uns des autres, il est bien évident que ce large aéroplane aura une action proportionnelle à sa largeur, comme un petit.

J'ai réfléchi à la question, et je pourrais dire que l'action d'un aéroplane plan, considéré au point de vue de la puissance employée, croît plutôt plus vite que la racine carrée de sa largeur. Cela, du moins, permet d'en finir avec l'hypothèse admise. Toute ma-

1. En entendant le mot largeur ou profondeur de l'appareil, comme la dimension dans le sens du déplacement (G. E.).

chine volante doit avoir ce que nous appellerons « une longueur de bord d'attaque déterminée », c'est-à-dire que la somme des bords d'attaque de tous les plans sustentateurs doit être en rapport déterminé avec le poids porté.

Si une machine doit avoir une force ascensionnelle double, il faut lui donner une longueur double de bord d'attaque. La longueur supplémentaire peut, naturellement, être obtenue par la superposition de plusieurs plans; mais comme nous savons qu'un grand aéroplane ira plus vite qu'un petit, l'accroissement de vitesse viendra compenser dans une certaine mesure l'accroissement de largeur de l'aéroplane.

En étudiant soigneusement les expériences que j'ai faites, je pense qu'on peut avancer en toute sûreté que la force ascensionnelle d'un bon aéroplane, si nous négligeons la résistance due à la charpente qui le maintient, croît comme le carré de sa vitesse. Si on double sa vitesse, on quadruple sa force ascensionnelle. Plus grande est la vitesse, plus l'angle du plan devient faible, et plus grande est la force ascensionnelle correspondant à une même puissance appliquée.

Quand nous construisons un bateau à vapeur, nous savons que son poids croît comme le cube d'une quelconque de ses dimensions — c'est-à-dire que, pour un bateau deux fois plus long, deux fois plus large, et deux fois plus profond qu'un autre, le jaugeage sera huit fois plus grand ; mais, en mettant tout au mieux, avec une vitesse encore plus grande, le poids porté par une machine volante ne croîtra jamais que comme le carré d'une quelconque de ses dimensions, ou peut-être moins encore.

Qu'il s'agisse de construire un navire, une locomotive, ou une machine volante, nous devons avant tout nous proposer un idéal, et alors l'approcher d'aussi près que possible avec les matériaux dont nous disposons. Supposons qu'il soit possible de faire une hélice parfaite, fonctionnant sans frottement, et que son poids ne soit que celui de l'air qui l'entoure; si son diamètre était de 60 mètres, la puissance musculaire d'un homme, convenablement appliquée, lui permettrait de s'enlever lui-même dans l'air. C'est en effet que l'aire d'un cercle de 60 mètres de diamètre est si considérable que le poids d'un homme ne pourrait pas le faire tomber à travers l'air avec une vitesse plus grande que celle d'un homme montant à une échelle. Si le diamètre est porté à 120 mètres, alors un homme suffirait à soulever un passager aussi lourd que lui-même à bord de la machine volante; et si on augmente encore jusqu'à 600 mètres, le poids d'un cheval pourrait être soutenu dans l'air tranquille rien qu'avec la puissance qu'un homme peut fournir. D'autre part, si nous réduisons au contraire le diamètre de l'hélice à 6 mètres, il faudra alors employer la puissance d'un cheval pour soulever le poids d'un homme, et si nous réduisons assez, il pourra falloir la puissance de 100 chevaux pour lever le même poids.

Il faut donc bien voir que tout dépend de l'aire sous laquelle l'atmosphère est intéressée; et en préparant le projet d'une machine, nous devrions chercher à faire entrer en jeu autant d'air que possible, en réduisant le poids au minimum.

Supposons qu'une machine volante soit munie d'une hélice de 3 mètres de diamètre, avec un pas de 1^{m},80; supposons, en outre, que le moteur développe 40 HP et fasse tourner l'hélice à 1000 tours par minute, produisant une poussée de 110 kilogrammes environ. Si nous portions le diamètre de l'hélice à 6 mètres, et si nous gardions le même pas et la même vitesse de rotation, il faudrait une puissance quatre fois plus forte, donnant une poussée quatre fois plus grande, parce que l'aire du disque croît comme le carré de son diamètre.

Supposons, maintenant, que nous réduisions le pas à 0m,90, il nous faudrait alors attaquer quatre fois plus d'air, et doubler la poussée de l'hélice sans employer plus de puissance, tout cela en supposant la machine stationnaire et toute la puissance du moteur employée à accélérer le mouvement de l'air. Les avantages d'une grande hélice sont donc évidents.

Je n'ai pas pu obtenir des données exactes sur les expériences qui ont eu lieu avec différentes machines sur le continent. Néanmoins j'ai vu ces machines, et je pourrais dire que, lorsqu'elles étaient en l'air, et que le moteur développait 40 HP, il y avait largement 28 HP absorbés par le recul de l'hélice, et le reste employé pour la propulsion de l'aéroplane à travers l'air. Ces aéroplanes pèsent 500 kilogrammes chacun, et leurs moteurs sont d'une puissance nominale de 50 HP. La force ascensionnelle par cheval est donc de 10 kilogrammes. Si les plans sustentateurs étaient d'une forme parfaite, et placés sous un angle favorable, et si, en outre, la résistance du bâti était réduite au minimum, la même force ascensionnelle devrait être produite avec une dépense de puissance plus de moitié moindre, pourvu, bien entendu, que l'hélice fût de dimensions convenables.

On dit que le professeur Langley et M. Horace Phillips, en éliminant absolument le facteur de frottement, ou en le négligeant dans leurs calculs, sont arrivés à une force ascensionnelle de l'ordre de 100 kilogrammes par cheval. Les appareils qu'ils employaient étaient très petits.

Le mieux que j'aie obtenu avec mes bien plus grands appareils — et ce ne fut qu'en une occasion — fut de soulever $66^{kg},5$ par cheval. Dans mes grandes machines d'expériences, j'étais étonné de l'effroyable quantité de puissance nécessaire pour mouvoir la charpente et les nombreux fils tendeurs à travers l'air. Il me paraît, d'après ces expériences, que l'air résiste très énergiquement aux fils qui le coupent. Je m'attendais à enlever ma machine dans les airs avec une puissance de 100 HP seulement, et mon premier condenseur était construit de telle sorte qu'il pouvait réellement condenser assez d'eau pour fournir 100 HP; mais la charpente offrait une résistance si considérable que je fus forcé de rogner de toute part, de faire la machine plus lourde, d'augmenter la pression dans la chaudière et la vitesse du piston, jusqu'à ce que la puissance réelle atteignît 362 HP. Ceci, pourtant, n'était pas la puissance indiquée. J'obtenais ce chiffre en multipliant le pas des hélices, en pieds, par le nombre de tours qu'elles faisaient par minute, et par la poussée de l'hélice en livres, puis en divisant ce produit par l'unité conventionnelle 33000[1]. Je suis convaincu que la puissance indiquée aurait été largement de 400 HP.

1. L'auteur indique ici le mode de calcul applicable lorsqu'on se sert des mesures anglaises. Avec les mesures métriques, connaissant le pas de l'hélice p en mètres, et le nombre de tours N *par seconde*, la vitesse par seconde est $V = pN$; la poussée de l'hélice en kilogrammes étant P, la force motrice nécessaire est donnée par l'expression :

$$H = \frac{p \times N \times P}{75}.$$

G. E.

Une fois, je lançai ma machine sur le rail, tous les sustentateurs étant enlevés. Je savais quelle pression de vapeur était nécessaire pour la lancer avec les sustentateurs en position, à une vitesse de 64 kilomètres à l'heure. Les plans sustentateurs étant supprimés, il fallait encore une pression de valeur assez forte pour obtenir cette vitesse ; mais je ne pris pas note à ce moment de la différence exacte. En tout cas, elle n'était pas cependant aussi grande que quelques personnes l'ont supposé. Ce qui précède montre combien il est nécessaire de tenir compte de la résistance de l'air.

Bien que je ne m'attende pas à voir jamais personne renouveler ma tentative pour faire une machine volante mue à la vapeur, cependant j'ai jugé bon de donner une courte et succincte description de mon moteur et de ma chaudière, afin que mes lecteurs puissent comprendre quel genre d'appareil j'ai employés pour obtenir les résultats que je publie aujourd'hui pour la première fois. Une description complète de tout ce qui concerne la puissance motrice fut écrite autrefois et a été soigneusement conservée. On en trouvera un abrégé dans l'Appendice.

CHAPITRE II

LES COURANTS AÉRIENS ET LE VOL DES OISEAUX

Dans le *Voyage of the Beagle*, de Darwin, je trouve ces lignes :

« Quand les condors en bande tournent tout autour d'un point, leur vol est superbe. Sauf au moment où ils s'élèvent de terre, je ne me rappelle pas avoir jamais vu un seul de ces oiseaux battre des ailes. Aux environs de Lima, je les observai à différentes reprises pendant près d'une demi-heure, sans détacher mes yeux; ils décrivaient de larges courbes, glissant en cercles, montant et descendant sans donner un seul coup d'aile. Lorsqu'ils passaient juste au-dessus de ma tête, j'observais attentivement, dans une direction oblique, le contour des grandes plumes écartées qui sont au bout de leurs ailes, et ces plumes écartées, s'il y avait eu le plus léger mouvement vibratoire, auraient paru se confondre ensemble; mais elles se détachaient nettement, au contraire, sur le bleu du ciel. »

L'homme est essentiellement un animal terrestre, et il est bien possible que, si la nature n'avait pas placé devant lui tant d'exemples d'oiseaux et d'insectes capables de voler, il n'aurait jamais eu l'idée de l'essayer lui-même. Mais les oiseaux étaient là bien en évidence, et l'espèce humaine, depuis les temps les plus reculés, ne s'est pas contentée d'admirer l'aisance et la rapidité avec lesquelles ils pouvaient se mouvoir ; elle a toujours aspiré à les imiter. Le nombre des tentatives qui furent faites pour résoudre le problème a été bien grand ; mais ce n'est que tout à fait récemment que la science et la mécanique ont fait assez de progrès pour mettre entre les mains des expérimentateurs le matériel qui convient pour aborder le problème. Peut-être n'a-t-on jamais rien écrit de mieux sur nos aspirations à imiter le vol des oiseaux, que ces lignes du professeur Langley :

« La nature a fait sa machine volante avec l'oiseau, qui est presque mille fois plus lourd que l'air déplacé par son corps, et ceux-là seulement qui ont tenté de rivaliser avec elle savent combien inimitable est son ouvrage, car le parcours de l'oiseau à travers les airs reste aussi merveilleux pour nous qu'il l'était pour Salomon ; la vue de l'oiseau a perpétué ce sujet d'étonnement devant les yeux des hommes — et dans la pensée de certains hommes — et sauvé la flamme de l'espérance d'une extinction totale, en dépit d'une longue déception. Je me rappelle très bien que, étant encore enfant, j'observai, couché dans un pré de la Nouvelle-Angleterre, un épervier tout en haut du ciel, qui voguait à la voile longtemps sans remuer ses ailes, comme s'il n'avait aucune peine à se soutenir, et qu'il restât là-haut par quelque miracle. Mais il se soutenait néanmoins, et je le voyais glisser en quelques secondes de son vol nonchalant, sur un parcours encombré pour moi de toutes sortes d'obstacles qui n'existaient pas pour lui. Le mur sur lequel j'avais grimpé en quittant la route, le ravin que j'avais traversé, les broussailles à travers lesquelles je m'étais frayé un chemin — tout cela n'était rien pour l'oiseau — et, tandis que la route ne m'offrait qu'une seule direction frayée, la grande route plane de l'oiseau le menait partout, et lui donnait accès dans tous les coins et recoins du paysage. Et que ce vol était aisé! Il ne donnait pas un coup d'aile en glissant au-dessus du champ, d'un mouvement qui semblait lui coûter aussi peu d'effort qu'à son ombre. »

Durant les cinquante dernières années, on a dit et écrit beaucoup de choses sur le vol des oiseaux; aucun phénomène naturel n'a excité autant d'intérêt et n'a été aussi mal compris. Des traités savants ont été écrits pour prouver que l'oiseau peut développer de dix à vingt fois plus d'énergie que tout autre animal, proportionnellement à son poids, tandis que d'autres traités également savants ont montré d'une façon concluante que l'oiseau ne dépense pas plus d'énergie dans son vol que les animaux terrestres dans la course ou dans le saut.

Le professeur Langley, qui était certainement un très habile observateur et un mathématicien de premier ordre, s'exprime ainsi qu'il suit au sujet de l'énergie dépensée par les oiseaux dans le vol et de la vieille formule qui la représente :

« Après beaucoup d'années et dans mon âge mûr, je fus conduit à m'occuper à nouveau de ces choses, et à me demander si le problème du vol artificiel était aussi désespéré et aussi absurde qu'on le pensait alors.

La nature l'avait résolu, et pourquoi pas l'homme? Peut-être parce qu'il avait commencé par la fin, et cherché à construire des machines pour voler avant de connaître les principes sur lesquels repose le vol. Je consultai mes livres sur ces principes, et n'en fus pas plus avancé. Sir Isaac Newton avait donné, pour trouver la résistance au mouvement à travers l'air, une règle qui semblait, si elle était juste, exiger une puissance énorme ; un distingué mathématicien français avait donné une formule montrant la rapidité de l'accroissement de la puissance en fonction de la vitesse du vol, et suivant laquelle une hirondelle, pour atteindre la vitesse qu'elle atteint en fait, devait posséder la force d'un homme.

« Me rappelant le vol sans effort de l'oiseau planeur, il me sembla que la première chose à faire était d'écarter les règles qui menaient à de tels résultats et de commencer de nouvelles expériences, non pour construire d'emblée une machine volante, mais pour trouver les principes suivant lesquels une telle machine devrait se construire; pour déterminer, par exemple, avec certitude par un essai direct, quelle puissance en chevaux était nécessaire pour soutenir une surface d'un poids donné au moyen de son mouvement à travers l'atmosphère. »

Toute la question est de savoir si l'oiseau a un plus haut développement physique, au point de vue de l'énergie créée, que tout autre animal que nous connaissions. Mais je pense que tous ceux qui ont étudié la question conviendront que certains animaux, tels que les lièvres et les lapins, dépensent tout autant d'énergie dans leur course, en proportion de leur poids, qu'une mouette ou un aigle dans leur vol.

La quantité d'énergie que peut exercer un animal terrestre est toujours fixe et définie. Si un animal pe-

FIG. 3. — Étant dans les Pyrénées, j'observais souvent des aigles se balançant dans un courant d'air ascendant produit par le vent en soufflant sur de grandes masses de rochers.

sant 50 kilogrammes veut monter sur une colline de 100 mètres de haut, il dépensera toujours 50000 kilogrammètres. Avec un oiseau, au contraire, il n'y a pas de quantité déterminée d'énergie. Si un oiseau pesant 50 kilogrammes s'élevait en l'air de 100 mètres par un temps absolument calme, la quantité d'énergie développée serait de 50000 kilogrammètres, plus le recul des ailes. Mais, en fait, l'air où l'oiseau vole n'est jamais stationnaire, comme je me propose de le démontrer; il est toujours en mouvement vers le haut ou vers le bas, et les oiseaux de haut vol, grâce à un sens tactile très délicat, savent profiter toujours d'une colonne montante. Lorsqu'un oiseau se trouve dans une colonne d'air descendante, il lui faut agiter ses ailes très rapidement pour prévenir une chute.

J'ai souvent observé le vol des éperviers et des aigles. Ils semblent glisser dans l'air sans presque aucun mouvement d'ailes. Quelquefois, cependant, ils s'arrêtent et se tiennent dans une position stationnaire directement au-dessus d'un certain point, guettant quelque chose sur la terre immédiatement au-dessous d'eux. Dans ce cas, ils agitent souvent leurs ailes avec une grande rapidité, dépensant évidemment alors une énorme quantité d'énergie. Mais quand ils cessent de voleter et qu'ils reprennent leur course dans l'air, ils semblent se maintenir à la même hauteur, avec une dépense d'énergie presque imperceptible.

Beaucoup d'observateurs non scientifiques du vol des oiseaux ont imaginé qu'un vent ou un déplacement d'air horizontal suffit à maintenir le poids d'un oiseau dans les airs, à la façon d'un cerf-volant. Or, si le vent, qui n'est autre chose que de l'air en mouvement, soufflait partout exactement à la même vitesse et dans la même direction — horizontale — il n'offrirait pas plus d'énergie de sustentation à un oiseau qu'un air immobile, parce qu'il n'y a rien qui puisse empêcher le corps de l'oiseau de suivre le vent, et dès qu'il a atteint la même vitesse que l'air, il n'y a pas de disposition de ses ailes qui puisse lui éviter la chute à terre.

Il est bien connu qu'à une faible distance de la surface terrestre, 50 ou 60 kilomètres, il règne une température extrêmement basse, quelquefois considérée comme étant la température interstellaire ou le zéro absolu. Pour donner une idée claire de cette température très basse de l'espace, je citerai l'exemple suivant :

Un soir, dans l'état de l'Ohio, un fermier vit un très brillant météore, qui s'enfonça dans un de ses champs, à 30 mètres à peine de sa maison. Il courut immédiatement au point de chute, et, enfonçant le bras dans le trou, parvint à toucher le bolide ; mais il retira bien vite sa main, ayant trouvé celui-ci extrêmement chaud. Quelques voisins accoururent, et il raconta ce qui était arrivé, sur quoi l'un d'eux mit à son tour la main dans le trou, s'attendant à se brûler ; à sa grande surprise, le bout humide de ses doigts fut instantanément gelé au contact du bolide. Celui-ci, dans sa course, avait atteint une telle vitesse que la résistance de l'atmosphère extérieure, malgré que l'air fût extrêmement froid et très raréfié, avait suffi à porter sa température au point de fusion du fer ; mais la chaleur n'avait pas eu le temps de passer à l'intérieur ; elle n'avait pénétré que de 3 à 4 millimètres peut-être, de sorte que, lorsque le météore fut au repos, la chaleur superficielle fut bien vite absorbée par le grand froid intérieur, jusqu'à ramener la surface à une température bien plus basse qu'aucune de celles que nous observons à la surface du sol.

Rien n'est plus certain que l'extrême abaissement de

la température à une faible distance au-dessus de la surface terrestre. Comme l'air près de la terre ne tombe jamais à une température qui s'approche en rien du zéro absolu, il en résulte qu'il y a un échange constant, l'air plus chaud, près de la surface du sol, montant toujours, et dans certains cas, développant

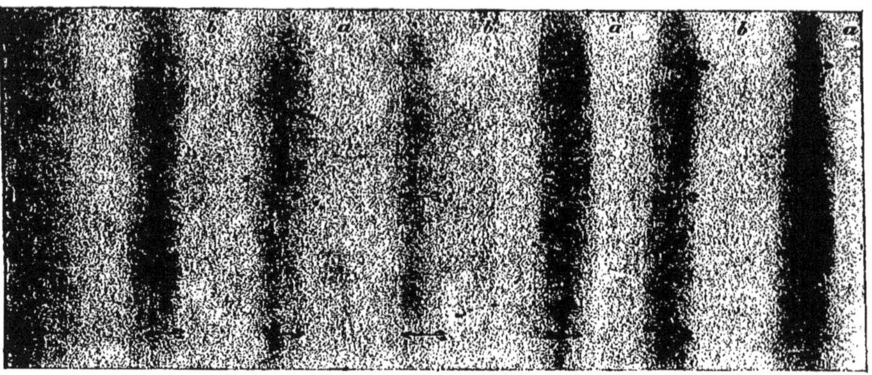

Fig. 4. — Courants aériens observés en plein Atlantique.

L'air chaud monte en *a*, *a*, *a*, et l'air froid descend en *b*, *b*, *b*; *c*, *c*, *c* représentent les lignes où les vagues sont maximum.

ainsi assez de travail pour rendre visible une partie de la vapeur d'eau qu'il contient, en donnant naissance aux nuages, à la pluie, ou à la neige, tandis que l'air froid descend constamment pour faire place à la colonne d'air ascendante. J'ai remarqué un haut degré de régularité dans le déplacement de l'air, surtout quand on s'éloigne au large, où la régularité des courants ascendants et descendants est parfois très marquée.

Dans une circonstance, comme je traversais l'Atlantique par un beau temps, je remarquai, à quelques milles en avant du navire, une longue ligne d'eau unie comme un miroir. De petites vagues indiquaient que le vent soufflait exactement dans la direction du mouvement du navire, et en approchant de cette zone d'eau calme, les vagues devinrent de plus en plus faibles, jusqu'à ce qu'elles disparussent complètement dans une nouvelle surface unie comme un miroir, qui était large d'une centaine de mètres environ, et s'étendait à bâbord et à tribord, suivant une ligne à peu près droite, aussi loin que l'œil pouvait atteindre.

Après avoir dépassé le centre de cette zone de calme, je remarquai que les petites vagues reparaissaient, mais juste en sens opposé des premières, et ces vagues s'enflaient de plus en plus pendant près d'une demi-heure. Puis elles se mirent à diminuer, et j'observai une autre bande unie directement en avant du bateau. En approchant, les vagues disparurent encore complètement; mais après avoir traversé cette région, le vent soufflait en sens opposé, et les vagues croissaient de la même manière qu'elles avaient diminué sur le côté opposé à la région de calme (*fig.* 4).

Ceci, naturellement, montre que, directement au-dessus du centre de la première région en miroir, l'air se rassemblait des deux côtés et montait sensiblement en ligne droite à partir de la surface de l'eau et ensuite, à une certaine hauteur, s'étalait au-dessus de la mer, donnant lieu à un léger vent dans les deux directions.

Je passai l'hiver de 1890-1891 à la Riviera, entre Hyères-les-Palmiers et Monte-Carlo. Le temps était en général très beau, et j'eus souvent occasion d'observer les phénomènes particuliers que j'avais déjà remarqués sur l'Atlantique, mais sur une bien plus petite échelle. Tandis que, dans l'Atlantique, les régions en miroir étaient de 12 à 25 kilomètres chacune, souvent elles n'avaient pas plus de 150 mètres dans les baies

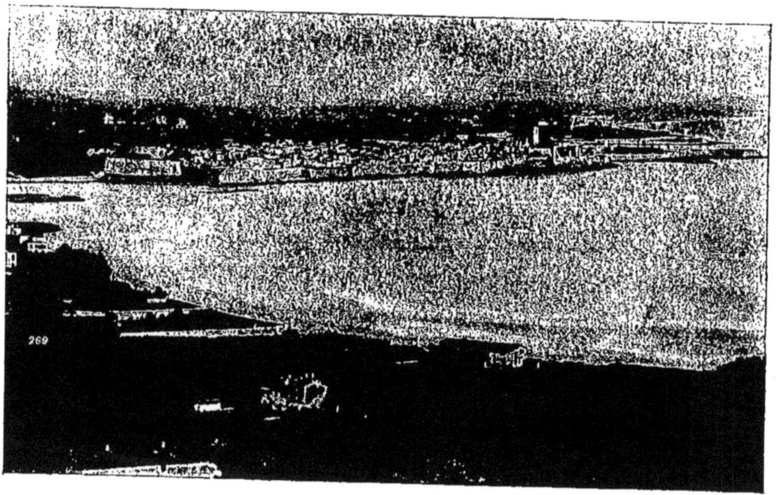

Fig. 5. — Bandes en miroir montrant les centres de colonnes aériennes ascendantes et descendantes, dans la baie d'Antibes (Alpes-Maritimes).

méditerranéennes. Ceci était surtout remarquable à Antibes (*fig.* 5), et j'en pus avoir de très bonnes photographies. On observera que toute la surface de l'eau est plane comme un marbre.

A Nice et à Monte-Carlo, ces phénomènes étaient aussi très marqués. Une fois, pendant que je faisais des observations du point le plus élevé du promontoire de Monaco, par une journée parfaitement calme, je remarquai que toute la mer présentait cet effet particulier, aussi loin que l'œil pouvait atteindre, et que les lignes qui marquaient l'air ascendant n'étaient jamais à plus de 300 mètres de celles qui marquaient le centre des colonnes descendantes. Environ trois heures après-midi, un grand vapeur peint en noir passa le long de

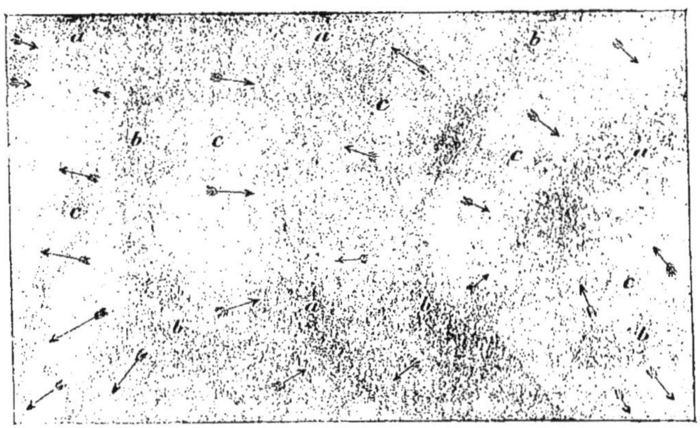

FIG. 6. — Courants aériens observés dans la Méditerranée.

a, a, a, courants ascendants ; *b, b, b*, courants descendants.

la côte suivant une ligne parfaitement droite, et son sillage fut aussitôt marqué par la ligne caractéristique que j'ai signalée et qui indiquait le centre d'une colonne montante. Cette ligne subsista presque droite pendant deux heures, puis finalement s'incurva et se rompit. La chaleur du vapeur avait suffi à déterminer ce courant d'air ascendant.

En 1893, je passai quinze jours sur la Méditerranée, allant de Marseille à Constantinople, et revenant à bord d'un vapeur à petite vitesse; pendant ce voyage j'eus beaucoup d'occasions d'observer les phénomènes singuliers dont je viens de parler. Le vapeur traversait des milliers de kilomètres carrés de mer calme, la surface n'étant troublée que par de petites rides (*fig.* 6) séparées les unes des autres par des régions unies en miroir qui, d'ailleurs, n'étaient pas aussi droites que dans l'Atlantique, et je constatai que, dans aucun cas, le vent ne soufflait dans la même direction des deux côtés de ces zones calmes, dont chacune indiquait le centre d'une colonne d'air ascendante ou descendante. Si nous analysions ces phénomènes dans le cas de ce qu'on peut appeler un calme plat, nous trouverions que l'air montait à très peu près tout droit au-dessus du centre de certaines de ces zones, et descendait verticalement sur les centres des autres. Mais, en fait, il n'y a jamais de véritable calme plat. Le mouvement de l'air est la résultante de forces diverses. L'air ne monte pas seulement en quelques points pour descendre en d'autres points, mais en même temps toute la masse est entraînée, avec plus ou moins de vitesse, d'une région du sol vers une autre; de la sorte nous pouvons considérer que, au lieu que l'air monte directement de la surface relativement chaude du sol et descende verticalement en d'autres points, en réalité toute la masse d'air en circulation se déplace horizontalement en même temps.

Supposons que l'influence locale qui cause ce va-et-vient de haut en bas, dans l'atmosphère, soit assez grande pour déterminer l'ascension de l'air à une vitesse de 2 kilomètres à l'heure, et que le vent souffle en même temps à 10 kilomètres à l'heure, la vitesse effective de l'air sera la résultante de ces deux vitesses. En d'autres termes, l'air se dirigera suivant une inclinaison de $\frac{1}{5}$. Supposons maintenant qu'un oiseau soit capable de disposer ses ailes de façon à avancer de 5 kilomètres en descendant de 1 kilomètre, à travers un air parfaitement tranquille, il sera alors capable de se soutenir dans le vent incliné que nous venons de décrire, sans aucun mouvement d'ailes. S'il lui était possible de disposer ses ailes de manière à avancer de 6 kilomètres en tombant de 1 kilomètre, il serait capable de monter par rapport à la terre, tout en tombant en réalité par rapport à l'air ambiant.

En dirigeant une série d'expériences d'artillerie et de tir dans une grande plaine unie, aux portes de Madrid, je fus souvent témoin des mêmes phénomènes aériens que j'avais déjà observés en mer comme je viens de le dire ; mais ici les lignes marquant les centres des colonnes montantes ou descendantes n'étaient pas aussi stables que sur l'eau. Il n'était pas rare, quand on avait pointé une bouche à feu sur une cible placée à une très grande distance, en faisant la correction convenable pour le vent régnant, de voir le vent changer et souffler dans la direction opposée avant que le feu eût été commandé.

Pendant que je dirigeais ces expériences, j'observai souvent des vols d'aigles. Une fois, un couple de ces oiseaux apparut d'un côté de la plaine, passa juste au-dessus de nos têtes, et disparut dans la direction opposée. Les aigles étaient restés en apparence toujours à la même hauteur, et en traversant la plaine d'un bout à l'autre, ils ne donnèrent pas un coup d'aile.

Ces phénomènes, je pense, ne peuvent s'expliquer que par l'hypothèse que ces oiseaux étaient capables de sentir avec leurs ailes un courant d'air ascendant; que le centre de ce courant suivait une ligne presque droite traversant la plaine d'un bout à l'autre; qu'ils rencontraient un courant ascendant pour les soutenir, enfin tandis que, par rapport à la terre, ils ne tombaient pas du tout, en réalité ils tombaient de 6 à 8 kilomètres à l'heure par rapport à l'air qui les supportait.

De nouveau, à Cadix, en Espagne, lorsque le vent soufflait fortement du large, j'observai que les mouettes profitaient toujours d'une colonne d'air ascendante. Quand le vent se levait sur les fortifications, ces oiseaux choisissaient une place d'où il leur fût possible de glisser sur un courant ascendant, se tenant toujours approximativement à la même place, sans aucun mouvement apparent. Mais dès qu'ils avaient quitté cette colonne ascendante, il leur fallait remuer leurs ailes avec une grande force jusqu'à ce qu'ils se retrouvassent à une place propice pour profiter d'un nouveau courant favorable.

J'ai souvent remarqué que les mouettes étaient capables de suivre un vaisseau sans aucun mouvement apparent; elles se balancent simplement sur une colonne d'air montante, où elles semblent tout aussi à leur aise que si elles étaient juchées sur un solide support. Si cependant elles sont entraînées hors de cette position, elles commencent en général à se faire un chemin. Si l'on jette par-dessus bord quelque chose de trop lourd pour elles, elles restent en arrière pour s'en emparer, et, afin de rattraper le vaisseau avec leur butin, elles agitent leurs ailes bien plus que d'autres oiseaux; mais, une fois qu'elles sont bien établies dans la colonne montante, elles manœuvrent pour suivre le vaisseau sans dépenser, ou presque, d'énergie. Par temps calme ou par vent debout, on les voit directement dans la ligne arrière du bateau ; si le vent vient de tribord, elles passent à bâbord, et *vice versa*.

Un dimanche matin, étant à Kensington, je remarquai quelques très curieux phénomènes aériens. Le temps avait été très froid depuis environ huit jours, quand tout à coup l'atmosphère devint chaude et très humide. La terre étant beaucoup plus froide que l'atmosphère, l'eau se condensait sur tous les objets. J'allai au pont de la Serpentine, à Hyde Park, et ne fus pas déçu en trouvant un grand nombre de mouettes qui cherchaient leur nourriture autour du pont. En temps ordinaire, ces oiseaux s'arrangent pour tournoyer avec une très faible dépense d'énergie ; mais ici tous sans exception, dans quelque position qu'ils fussent, se frayaient leur route tout comme les autres oiseaux, ce qui était bien ce que j'avais prévu. Il est d'ailleurs très rare que la surface du sol soit assez froide relativement à l'air, pour empêcher tout courant d'air ascendant.

Quiconque a passé un hiver sur les côtes septentrionales de la Méditerranée doit avoir observé le vent froid qu'on appelle le *mistral*. On se promène; le soleil brille avec éclat ; l'air est chaud et parfumé : tout à coup, sans raison apparente, on se trouve dans un vent froid descendant. C'est le terrible *mistral*, et au large, cela serait marqué par une ligne miroitante à la surface de l'eau. A terre il n'y a rien qui rende sa présence visible. La colonne ascendante est, naturellement, toujours bien plus chaude que la colonne descendante, et ceci se produit à un degré plus ou moins marqué ; partout et en tout temps on rencontre souvent des courants d'air nettement ascendants lorsqu'on expérimente des cerfs-volants, le cerf-volant montant alors plus haut qu'on n'aurait pu le prévoir dans l'hypothèse d'un vent horizontal. J'ai entendu discuter ce fait très longtemps. Quand un cerf-volant flotte dans un courant ascendant, il se comporte à plus d'un titre comme un oiseau planeur.

De ce qui précède, nous pouvons, je crois, tirer en toute sûreté les conclusions suivantes :

1° Qu'il y a un échange constant dans l'atmosphère, l'air froid descendant, s'étendant sur la surface du sol, se réchauffant et remontant en d'autres endroits;

2° Que les centres des deux colonnes sont généralement séparés l'un de l'autre par une distance qui peut aller de 150 mètres à 30 kilomètres ;

3° Que les centres de plus grande action ne sont pas distribués par points, mais forment des lignes qui sont parfois à peu près droites, parfois très sinueuses ;

4° Que cette action a constamment lieu sur terre et sur mer ; que le vol des oiseaux planeurs, qu'on a jusqu'à présent si mal compris, peut s'expliquer en supposant que l'oiseau cherche l'air ascendant, et que, tandis qu'il se maintient dans l'espace à la même hauteur sans aucun effort musculaire, il tombe en réalité avec une certaine vitesse par rapport à l'air ambiant.

Certains savants ont supposé que les oiseaux pouvaient profiter de quelque action vibratoire ou rotatoire de l'air. Moi, je trouve, à la suite de soigneuses observations et expériences, que le mouvement du vent est relativement stable et qu'il n'y a jamais de courte action vibratoire et rotatoire qu'à proximité de la terre;

elle est alors produite par l'air soufflant sur des collines, de hautes bâtisses, des arbres, etc.

Les outils et instruments employés par les mécaniciens sont très souvent faits avec la matière la plus employée dans leur profession ; par exemple, un outil de forgeron est généralement en fer, un outil de charpentier généralement en bois ; le verrier emploie beaucoup d'objets de verre, et ainsi de suite. Les mathématiciens ne font pas exception à cette règle générale, et semblent s'imaginer qu'on peut tout faire avec de pures formules de mathématiques.

Il paraît que le professeur Langley fut autrefois très embarrassé par l'extraordinaire manière d'être des oiseaux, et qu'il fut amené à se convaincre qu'ils profitent de certain mouvement vibratoire ou oscillatoire de l'air ; il appelait cela, « le travail interne de l'air ».

J'ai été fort amusé par un ouvrage mathématique récent que j'ai lu, dans lequel l'auteur cherchait à résoudre la question d'une manière purement mathématique. En ce cas, bien que tous les facteurs soient inconnus et inconnaissables, cependant, avec environ deux pages de formules algébriques correctement écrites, il paraît qu'on avait complètement résolu la question. Comment l'auteur y réussissait, c'est ce qu'il comprend mieux que moi.

Si un cerf-volant ne vole qu'à quelques mètres du sol, on constatera que le courant aérien qui le maintient est très instable. S'il s'élève à 150 mètres, l'instabilité disparaît presque complètement, et s'il va encore plus haut, à 500 ou 600 mètres, la tension de la corde est presque constante, et, lorsque le cerf-volant est bien construit, il reste sensiblement immobile dans l'air.

J'ai souvent remarqué, par de grands vents, que des nuages légers et par flocons arrivaient en vue, à 600 mètres par exemple au-dessus du sol, et passaient rapidement, tout d'une pièce, en conservant absolument leur forme. Cela indiquerait certainement qu'il n'y a pas dans l'air, de perturbation locale rapide immédiatement voisine et que toute la masse de l'air dans laquelle sont formés ces nuages marche sensiblement à la même vitesse et dans une même direction.

Beaucoup d'aéronautes ont aussi témoigné que, quelle que soit la force du vent, le ballon est toujours pratiquement dans un calme plat, et que si on jette pardessus bord un morceau de feuille d'or, même dans un coup de vent, la feuille d'or et le ballon ne s'éloignent jamais l'un de l'autre en direction horizontale, bien qu'ils puissent s'écarter verticalement.

Les oiseaux peuvent être divisés en deux classes : premièrement, les oiseaux de haut vol, qui vivent en somme sur leurs ailes, et qui, grâce à un certain sens tactile très délicat, sont capables de sentir l'état exact de l'air. Beaucoup de poissons qui vivent près de la surface de l'eau, sont très gênés en plongeant trop bas, tandis que d'autres, qui vivent à de grandes profondeurs, sont presque instantanément tués lorsqu'ils se rapprochent de la surface. La *vessie natatoire* du poisson est en réalité un baromètre délicat, muni de nerfs sensibles, qui permettent au poisson de sentir s'il monte ou s'il descend dans l'eau. Chez un poisson accoutumé à rester à la surface des eaux, la pression, en devenant trop grande, le fait involontairement remonter vers la surface, pour trouver une pression plus faible ; et je n'ai aucun doute que les cellules d'air, très nombreuses, on le sait, dans tout le corps des oiseaux, soient assez sensibles pour permettre aux oiseaux de haut vol de sentir sur-le-champ s'ils sont dans une colonne d'air ascendante ou descendante.

L'autre classe d'oiseaux comprend ceux qui n'emploient leurs ailes qu'occasionnellement, pour se déplacer avec rapidité d'un point à un autre. Ceux-ci ne dépensent pas leur énergie aussi économiquement que les premiers. Ils ne passent pas beaucoup de temps en l'air ; mais, quand ils se lancent sur leurs ailes, ils développent une énorme quantité d'énergie et volent très vite, généralement en ligne droite, sans profiter des courants d'air. Les perdrix, les faisans, les canards sauvages, les oies, et autres oiseaux de passage, peuvent être cités comme types de cette espèce. Les oiseaux de cette catégorie ont des ailes relativement étroites, et portent par unité de surface un poids environ deux fois et demie plus grand que ne font les oiseaux de haut vol.

Nous ne serons jamais capables d'imiter le vol de ces derniers. Nous ne pouvons pas espérer faire un appareil sensible qui fonctionne assez vite pour profiter des courants ascendants, et c'est pourtant le problème que doit résoudre celui qui cherche à voler. Une machine volante réussie, allant à grande vitesse, est sujette à rencontrer à chaque instant des courants descendants qui gêneront grandement son action. C'est pourquoi les machines volantes doivent, selon la vraie nature des choses, être pourvues d'une source d'énergie motrice suffisante pour les propulser à travers les différents courants aériens, à la manière des canards, perdrix, faisans, etc.

NOM VULGAIRE	DÉCIMÈTRES CARRÉS PAR KILOGRAMME	KILOGRAMMES PAR DÉCIMÈTRE CARRÉ	VITESSE CORRESP^te POUR UN PLAN A 3° EN KILOMÈTRES A L'HEURE
Chauve-souris	152,8	0,0065	25,6
Hirondelle	72,4	0,0138	37,2
Alouette	61,2	0,0163	40,3
Emouchet	60	0,0167	40,7
Moineau	48,4	0,0206	45,3
Monette	47	0,0213	46
Hibou	45,2	0,0221	47
Grue	40,4	0,0248	49,7
Corneille	34,8	0,0287	53,6
Pluvier	27,6	0,0362	60,1
Balbusard	25,2	0,0397	63
Vautour égyptien	23,6	0,0424	65
Canard	17,28	0,0579	71
Pélican gris	14,64	0,0682	82,6
Oie sauvage	11,72	0,0852	92,3
Dindon	10,46	0,0957	97,4
Canard sauvage	9,96	0,1020	100
Cane	8,78	0,1138	106,5

CHAPITRE III

DU VOL DES CERFS-VOLANTS

On disait de Benjamin Franklin que, lorsqu'il désirait faire voler un cerf-volant, afin de s'assurer si on pouvait tirer l'éclair des nuages, il prenait soin d'avoir près de lui un petit garçon, pour éviter le ridicule. On trouvait à ce moment le jeu du cerf-volant trop frivole pour des hommes mûrs, et bien des gens avec Benjamin Franklin ont craint d'affronter le ridicule qui était inévitable s'ils soulevaient, ou même discutaient la question du vol artificiel.

Quatre-vingt-dix ans après, quand je commençai mes expériences, j'appris que ma réputation serait très diffamée ; que les hommes regardaient le vol artificiel comme un *ignis fatuus*, et que l'on rangeait quiconque s'engageait dans cette voie dans la même catégorie que ceux qui cherchaient le mouvement perpétuel ou la pierre philosophale.

Bien que je ne craignisse pas le ridicule, je me tins coi le plus possible pendant un temps considérable, et j'ai travaillé six bons mois avant que personne sût ce que je faisais. Lorsque cependant on arriva à connaître que j' expérimentais en vue de construire une machine volante, le public sembla penser que je faisais là de bonnes et louables recherches scientifiques. A la vérité, je pouvais ne pas réussir ; mais il était dit que je voulais accomplir quelque chose et découvrir quelques-unes des lois qui concernent ce problème. Nul ne ridiculisa mon œuvre, sauf deux individus, et tous deux étaient des gens à qui j'avais fait beaucoup de bien. Comme c'est souvent le cas, ceux que vous trouvez en proie à des difficultés et que vous remettez sur pied, cherchent à vous faire quelque injure en reconnaissance des bienfaits qu'ils ont reçus.

A présent, il n'est pas nécessaire pour un homme de prendre un petit garçon avec lui comme une sorte de paratonnerre contre le ridicule, quand il veut lancer le cerf-volant. J'ai été d'un comité qui s'occupait de cerfs-volants, où j'avais pour collègues quelques-uns des hommes les plus érudits et les plus sérieux de l'Angleterre.

La manière dont un cerf-volant se comporte est certainement très embarrassante pour ceux qui ne comprennent pas parfaitement la question. Un cerf-volant peut être construit avec le plus haut degré de perfection, mis entre des mains très expérimentées, et cependant aller très mal, plonger tout à coup vers le sol sans raison apparente. D'autres fois le même cerf-volant montera franchement dans les airs jusqu'à une hauteur difficile à expliquer.

Si la surface de la terre était parfaitement lisse, et si le vent soufflait toujours horizontalement, les cerfs-volants ne présenteraient pas ces particularités extraordinaires ; mais en fait, l'air est rarement en mouvement suivant une direction horizontale ; il subit toujours l'influence de la chaleur du sol. L'air échauffé monte toujours en certains points, se refroidit et redescend ailleurs. Si l'on cherche à lancer un cerf-volant sur un point où l'air descend, on rencontrera une très grande difficulté, tandis que si l'on est assez heureux pour trouver un courant ascendant, le cerf-volant s'élèvera bien

Fig. 7. — Circulation d'air due à une différence de température.

plus haut qu'on n'aurait pu s'y attendre, à moins d'admettre l'existence de ces courants ascendants.

Une fois, il y a de cela bien des années, je me trouvais présent à l'incendie d'un entrepôt contenant dix mille barils d'alcool, à New-York. Il était neuf heures du soir, je fis le tour de l'incendie, et je trouvai bien ce que j'avais prévu. Le vent soufflait absolument en ouragan dans toutes les rues qui étaient dans la direction du feu, tandis que partout ailleurs régnait un calme parfait; les flammes montaient tout droit dans l'air à une hauteur énorme, et entraînaient avec elle une grande quantité de bois incandescent. Comme je me trouvais à 160 mètres environ du feu, un morceau de planche à demi brûlée, de 25 millimètres d'épaisseur, large de 20 centimètres et longue de 1m,20 environ, tomba à travers l'espace et atteignit le sol tout près de moi, jetant des étincelles de tous côtés. Cette planche avait évidemment été entraînée à une grande hauteur par l'effrayant tirage que causait l'alcool en feu. Il est bien évident qu'un cerf-volant fait d'une plaque de chaudière aurait pu être lancé avec succès dans ces conditions, pourvu qu'on l'eût placé dans la position convenable.

Le croquis (*fig.* 7) montre un dispositif composé d'une lampe à alcool et d'une chambre à glace. La lampe chauffe la plaque métallique, dilate l'air qui monte, se refroidit par convection en venant au contact de la plaque supérieure, et descend comme il est indiqué. Cependant il n'est pas nécessaire d'avoir du feu pour obtenir un tel effet; il se produit sur toute la terre en tout temps.

Un grand nombre de plantes ont besoin d'un courant d'air ascendant pour véhiculer au loin leurs graines. Les graines de certaines variétés de chardon et de pissenlit peuvent parcourir ainsi des centaines de kilomètres, au grand désespoir des fermiers ; et il y a une certaine classe de petites araignées nommées « araignées-ballons » qui se servent aussi d'un courant aérien ascendant pour se transporter de l'endroit de leur naissance jusqu'au point où elles désirent former colonie.

Quand j'avais huit ans, je remarquai de petites araignées qui descendaient du ciel. Cela m'intrigua fort; il me semblait qu'elles avaient attaché leur toile à quelque objet fixe, là-haut, et qu'elles tissaient cette toile exprès pour descendre vers la terre. Mais quel pouvait être ce support fixe? Comme le ciel était clair, je me trouvais absolument hors d'état de m'expliquer ce phénomène; mais plus tard j'appris dans les livres de science qu'il y avait une espèce d'araignées qui savait monter en l'air avec l'aide du vent. Il paraît qu'elles grimpent sur un arbre élevé jusqu'à ce qu'elles aient atteint l'extrême cime, et qu'alors, du bout d'une feuille ou d'une petite branche faisant saillie dans l'air, elles guettent le passage d'un courant d'air ascendant. Bien que l'araignée soit excessivement petite — de la taille d'une tête d'épingle — elle a environ deux cents filières, sa toile ordinaire étant formée de fils en nombre au moins égal. Ces fils s'allongent séparément dans l'air jusqu'à ce qu'ils s'entrelacent les uns aux autres, en toiles presque invisibles, dans toutes les directions, et forment un réseau sensiblement cylindrique d'environ 1 centimètre de diamètre et 50 centimètres de long. Dès qu'il se présente un courant d'air ascendant à peu près vertical, il entraîne avec lui cet enchevêtrement presque impondérable de fils ténus, et dès que l'araignée sent que la force est suffisante pour la porter, elle laisse aller et monte avec l'air.

Quand le *Nulli-Secundus* s'éleva à Framboroug pour atterrir au Palais de Cristal, M. Cody, qui était à bord, rapporta un phénomène qui lui paraissait très curieux et inexplicable. Le ballon fut couvert de plusieurs milliers de minuscules araignées qu'il avait recueillies dans l'air au cours du voyage. Voilà certainement une preuve de toute évidence de l'existence de courants d'air ascendants.

Étant à Boston, il y a environ cinquante ans, j'allai

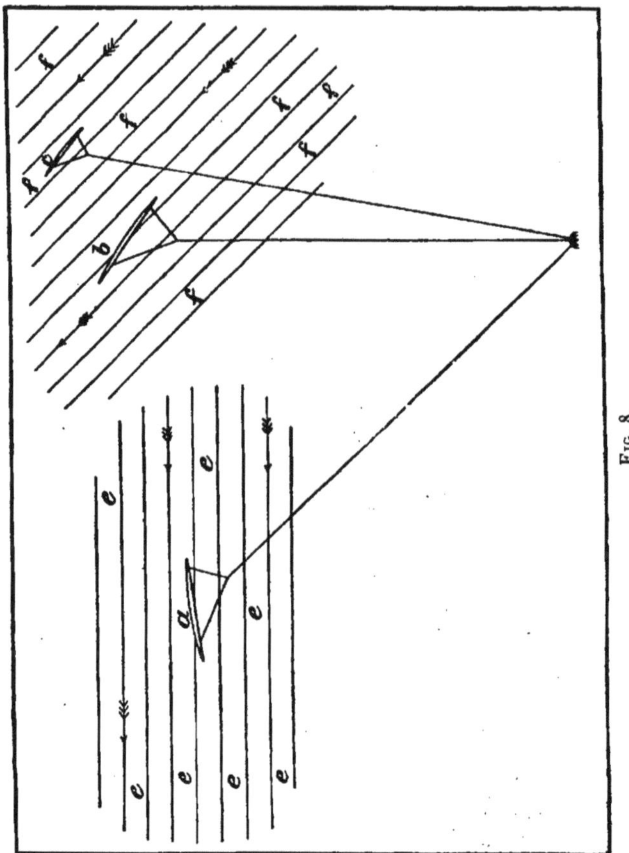

Fig. 8.

a représente un cerf-volant placé dans un vent horizontal *e*, *e*, *e* ; *b*, *b*, le même dans une colonne d'air montante, le vent soufflant selon *f*, *f*. Si ce cerf-volant est bon, il pourra passer au-dessus du point *c*.

à la Colline-Bleue assister à un remarquable vol de

cerfs-volants qui y eut lieu à cette époque. Les cerfs-volants en expérience étaient du type Hargrave, et d'énormes dimensions. Un fil d'acier et un treuil, actionné par un moteur à vapeur, servaient aux opérations. On me dit que, dans certains cas, les cerfs-volants montaient extrêmement haut, bien plus haut qu'on n'aurait pu prévoir; mais dans l'espèce, bien qu'on lâchât une grande longueur de fil, les cerfs-volants ne s'élevaient guère.

J'ai entendu bien des discussions au sujet du vol des cerfs-volants, et je crois qu'il est généralement admis qu'ils s'élèvent quelquefois dans les airs et continuent à suivre le vent jusqu'à ce qu'ils passent directement au-dessus de leur point d'attache sur le sol. Cependant je n'avais pas, jusqu'à ces trois dernières années, constaté par moi-même le phénomène. M. Cody, qui est l'auteur d'un très bon cerf-volant, a, il y a quelques mois, lancé des cerfs-volants au Palais de Cristal, et j'eus une fois l'occasion de voir son appareil monter, passer dans le sens du vent et juste au-dessus de nos têtes. Je maintenais la corde à deux mains et fus quelque peu surpris de voir quelle était la force ascensionnelle. Ce cerf-volant était d'ailleurs fort grand, mais en tout cas pas aussi grand que les « cerfs-volants montés » de M. Cody.

Dans la figure 8 j'ai montré, en *a*, l'action d'un cerf-volant dans un vent horizontal, dirigé suivant *ee*. Un bon cerf-volant montera aisément à 45° (l'angle indiqué); mais, dans le cas mentionné ci-dessus, le soleil a brillé dans la vallée où les expériences avaient lieu, et il se forma un courant d'air ascendant. L'air plus froid, bien entendu, se précipita de chaque côté et monta vers le centre de la vallée, et le cerf-volant de

M. Cody, au lieu de flotter dans un vent horizontal, atteignit vite le point où le vent était ascendant sous un certain angle, comme il est indiqué en *ff*. Le cerf-volant devait monter par conséquent jusqu'en *b*, où il faisait avec le vent incliné le même angle qu'il faisait d'abord en *a* avec le vent horizontal; et s'il était construit de façon à voler sous un angle plus grand, il pourrait passer au-dessus du point *c*. Toutefois il ne faut pas s'imaginer que ce phénomène se présente tous les jours de l'année. C'est seulement en de rares occasions qu'on a la chance de trouver un vent qui souffle assez violemment de bas en haut pour permettre au cerf-volant de passer, en suivant le vent, au-dessus de son point d'attache. Il ne faut pas croire non plus que cette condition favorable puisse durer longtemps. Comme le centre du courant ascendant se déplace constamment, il est certain que, très vite, il dépassera le point où le cerf-volant se trouve attaché.

Ce qui est vrai des cerfs-volants l'est aussi des machines volantes. Il est, en effet, très difficile de faire monter un cerf-volant dans un courant d'air descendant, et on a juste autant de chances de rencontrer un courant descendant qu'un autre. Par conséquent, les machines volantes doivent être construites en leur ménageant une grande réserve de puissance motrice, de façon qu'elles soient capables de faire un bond quand elles rencontrent un courant défavorable. Si une machine est construite de façon à se maintenir dans les airs pendant un temps très long, il ne sera pas bien difficile de savoir quand elle rencontrera un courant de ce genre, parce que, le moteur marchant à toute vitesse, et tout fonctionnant bien, si néanmoins la machine tombe, on peut être sûr qu'elle vient de rencontrer un courant défavorable, et il faut tâcher d'en sortir le plus vite possible. Quand au contraire la machine a une tendance anormale à monter sans qu'on ait augmenté le nombre de tours de l'hélice, l'aviateur peut être certain qu'il a rencontré un courant ascendant et favorable, courant qui, malheureusement, ne durera pas. On doit d'ailleurs se dire que, si la largeur du courant aérien n'est pas très grande, il peut cependant s'étendre en ligne sensiblement droite sur plusieurs kilomètres.

CHAPITRE IV

DE LA MEILLEURE FORME DES HÉLICES ET DES PLANS SUSTENTATEURS

I. — DE L'HÉLICE

En 1887, diverses personnes riches vinrent me demander si je pensais qu'il fût possible de réaliser une machine volante. Je répondis : « certainement ; l'oie domestique est capable de voler ; pourquoi l'homme ne pourrait-il pas faire aussi bien que l'oie ? »

Alors ces personnes me demandèrent ce que cela exigerait d'argent et de temps, et, sans hésiter un seul instant, je leur répondis que cela retiendrait mon attention pendant cinq années et pourrait coûter 100 000 livres sterling. Une longue série d'expériences serait nécessaire ; les trois premières années seraient consacrées à mettre au point un moteur à combustion interne, type Brayton et Otto, et les deux années suivantes, à expérimenter avec des aéroplanes et des hélices, et à construire une machine.

A ce moment-là j'avais une idée claire du système qui devait être le meilleur. Cela n'eut néanmoins aucune suite, mais, en 1889, je m'adressai, pour réaliser cette idée, à deux très habiles ouvriers américains que je mis au travail à Baldwyn's Park (Kent). A ce moment-là, le moteur à pétrole n'avait pas encore été amené à son degré actuel de puissance et de légèreté; il ne convenait pas à une machine volante, et je vis qu'il faudrait un grand travail expérimental pour le mettre au point. Après avoir examiné la question sous toutes ses faces, je me décidai pour un moteur à va-

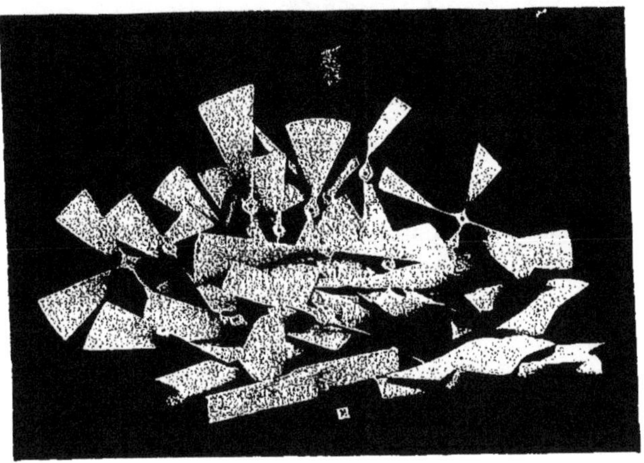

FIG. 9. — Groupe d'hélices et autres objets employés dans mes expériences.

peur. J'avais obtenu les moteurs légers et puissants qui venaient de se développer grâce aux constructeurs de trains rapides, je n'avais pas du tout d'expériences à faire sur les machines et les chaudières, et j'avais immédiatement à ma disposition le moteur nécessaire. Dans ces conditions, je fus obligé de me contenter de la machine à vapeur.

Je trouvai qu'il y avait beaucoup de malentendus au sujet de l'action des aéroplanes et aussi des hélices fonctionnant dans l'air. Je me procurai tout ce qui avait été écrit d'utile sur le sujet, soit en Angleterre soit en France, et je me mis à faire une étude complète

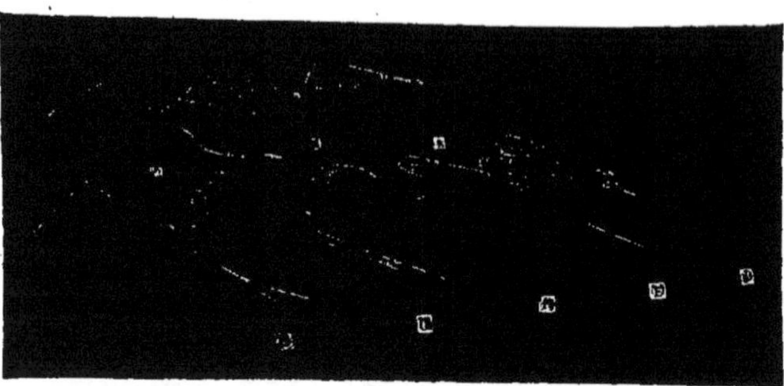

FIG. 10. — Quelques-unes des principales hélices mises en expérience. *h*, hélice à ailes très épaisses ; *g*, hélice construite d'après un modèle français.

de la question ; mais je ne fus pas satisfait, à cause de la grande différence de vues des auteurs et des formules contradictoires qu'ils employaient. C'est pourquoi je me résolus à faire des expériences moi-même,

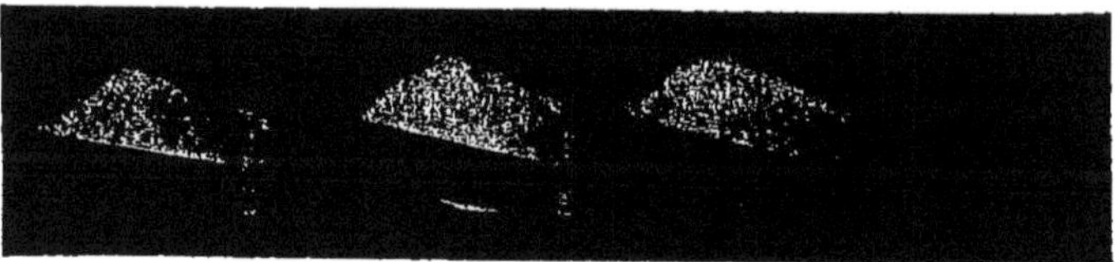

FIG. 11. — Les trois meilleures hélices.

L'hélice de droite a un pas rigoureusement uniforme ; celle du milieu, un pas croissant ; celle de gauche, un pas compound.

et à m'assurer de ce qu'on pourrait faire sans le secours d'aucune formule.

Bien qu'il y ait presque vingt ans de cela, je me trouvai en présence d'une multitude de contradictions relativement à l'action des aéroplanes et des hélices, où d'ailleurs la plus grande partie des contradicteurs étaient dans l'erreur. Cependant il a récemment été publié de bons ouvrages sur la question.

Ayant fait le projet de ma chaudière et de ma machine, et les ayant mises en construction, je commençai une série d'expériences ayant pour but de déterminer le rendement des propulseurs hélicoïdes aériens, ainsi que la forme et la taille les plus favorables pour les plans sustentateurs de la machine projetée.

La figure 9 montre une photographie d'un groupe d'hélices et autres objets mis en expérience.

La figure 10 montre quelques-uns des principaux types dont, on le verra, les ailes diffèrent de forme, de pas et de dimensions.

La figure 11 indique enfin trois des meilleures hélices employées. On remarquera qu'elles ont, l'une un pas uniforme, la seconde un pas progressif, et la troisième un pas compound.

Pour m'assurer du rendement de mes hélices, je construisis l'appareil indiqué par la figure 12. La puissance nécessaire à la propulsion de l'hélice était transmise au moyen d'une courroie à la poulie cylindrique *cc*. L'arbre *bb* était en acier, de diamètre assez faible, et tournait à frottement doux (pratiquement négligeable), dans les deux coussinets *dd*.

Quand la première hélice *aa* tournait à grande vitesse, la poussée axiale faisait reculer l'arbre *bb* et allongeait le ressort à boudin *e*. La force de la poussée en livres était indiquée par l'aiguille *g*. La puissance était transmise par un dynamomètre très précis et très sensible, de sorte qu'on pouvait facilement connaître la puissance dépensée en observant une aiguille semblable à la précédente. Un tachymètre donnait le nombre de tours de l'hélice par minute; tout l'appareil était construit avec beaucoup de soin et de précision, et fonctionnait parfaitement bien. Je pus ainsi, avec mes différents types d'hélices et d'autres objets, faire des mesures très précises dont quelques-unes sont fort intéressantes.

Dans beaucoup de traités et de livres de cette époque, on admettait qu'une hélice de propulsion fonctionnant dans l'air donnait lieu à une extrême déperdition d'énergie, parce qu'elle produisait un tourbillonnement d'air. Certains inventeurs proposaient de faire tourner l'hélice dans un cylindre fixe, ou, mieux encore, d'enfermer l'hélice tout entière dans un cylindre tournant pour empêcher le mouvement centrifuge de l'air. Afin de bien voir ce qu'il en était réellement, je pris un grand nombre de fils de soie rouge que j'attachai tout autour de mon hélice (voir *fig.* 13). En mettant en marche, je trouvai que l'air, au lieu de s'échapper vers la périphérie de l'hélice, était en réalité aspiré comme le montre la figure. Je fus assez surpris de voir combien la démarcation était précise entre l'air qui allait dans le sens de l'hélice et celui qui allait en sens opposé. L'hélice employée dans ces expériences avait 45 centimètres de diamètre et 60 centimètres de pas (diamètre, 18 pouces; pas, 24 pouces). Il était évident, cependant, que si l'on prenait une hélice ayant un pas assez grand, il se produirait un tourbillonnement de l'air. Aussi essayai-je des hélices de pas différents; je trouvai que, quand le pas dépassait légèrement le triple du diamètre, donnant au bord extérieur de l'aile une inclinaison de 45°, il se produisait un tourbillonnement; quand l'hélice tournait, l'air prenait quelquefois un mouve-

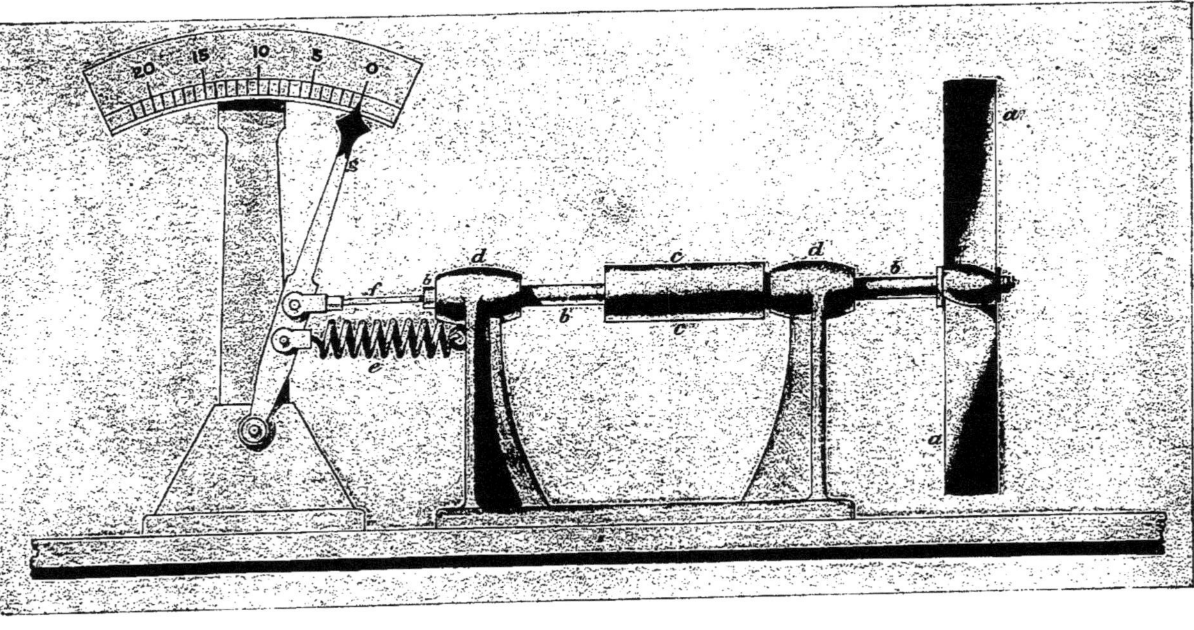

Fig. 12. — **Appareil pour mesurer la poussée des hélices.**

a, *a*, l'hélice ; *b*, *b*, l'arbre glissant librement dans ses coussinets *d*, *d* ; *c*, poulie cylindrique ; *e*, ressort à boudin ; *f*, tige d'acier ; *g*, aiguille indiquant la poussée en livres.

ment alternatif : tantôt il allait vers l'intérieur, tantôt vers l'extérieur. Le changement de sens était d'ailleurs

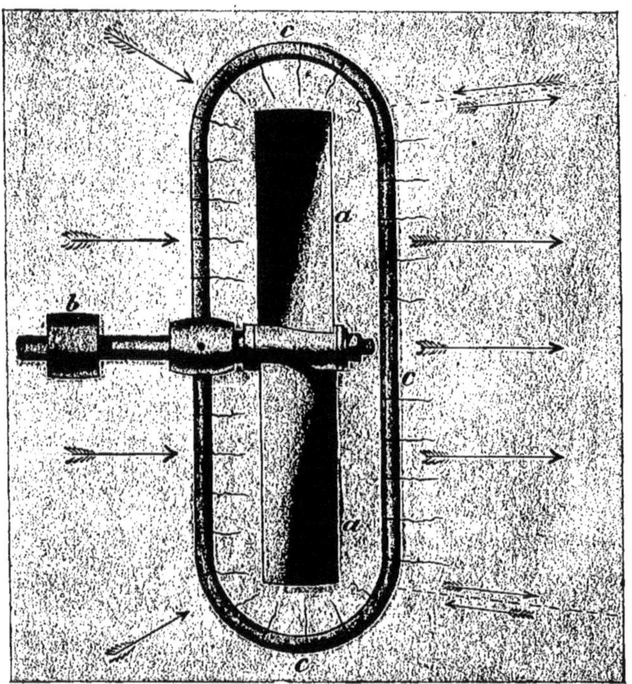

Fig. 13. — Appareil pour mettre en évidence la direction des courants d'air causés par une hélice tournant à grande vitesse.

Des fils de soie étaient attachés à la barre c, c, et indiquaient clairement la direction du mouvement de l'air.

toujours indiqué par une variation de la hauteur du son émis et aussi par une variation de la poussée.

Dans la figure 14, j'ai montré les extrémités des ailes de quelques-unes des différentes hélices que j'ai employées : *a* est une hélice plane, à bord frontal droit et de pas égal depuis la périphérie jusqu'au moyeu; *b* est une hélice de même pas, sensiblement, mais légèrement incurvée de façon à donner une sorte de pas croissant; *c* montre l'extrémité d'une hélice dont la courbure n'est pas constante d'un bout à l'autre, ce qui donne un pas progressif; *d* est la forme

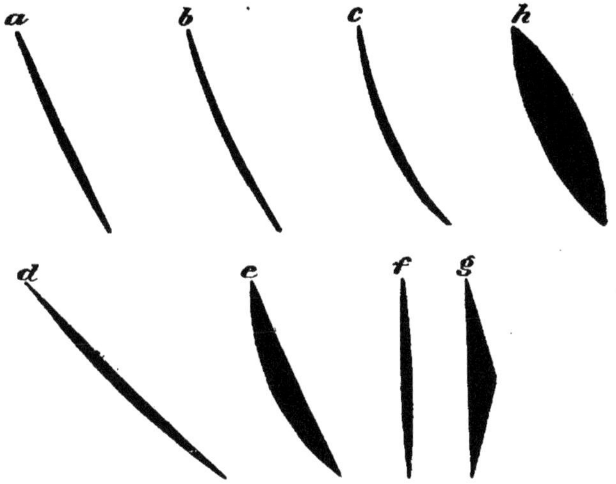

FIG. 14.

Ces dessins montrent des bords d'ailes d'hélices : *a*, hélice plane ; *b*, hélice à pas croissant ; *c*, hélice à pas compound ; *d*, bord d'hélice à 45° ; *e*, hélice à ailes très épaisses ; *f*, aile à pas nul ; *g*, aile donnant une poussée dans le sens du côté convexe, quel que soit son sens de rotation ; *h*, hélice employée, dit-on, dans les expériences du Gouvernement français.

de l'hélice qui donnait l'angle de 45° dont je viens de parler.

La première hélice essayée fut *a*. Je la fis tourner à grande vitesse — environ 2500 tours par minute — jusqu'à ce que j'obtinsse une poussée de 7 kilogrammes, et alors je plaçai le régulateur du moteur dans la position convenable pour pouvoir communiquer cette même vitesse à toutes les hélices de même diamètre. Désirant me rendre compte de l'action de l'hélice et des pertes par frottement superficiel, je multipliai la poussée (en livres) par le pas (en pieds) et par le nombre de tours par minute. Cela me donnait naturellement le nombre exact de pieds-livres représentant l'énergie communiquée à l'air. Je fus quelque peu surpris de voir que ce nombre correspondait exactement aux chiffres lus au dynamomètre; je crus d'abord avoir fait quelque erreur. Je revis soigneusement tous mes chiffres, essayai toutes les pièces; je refis l'expérience et trouvai que, quel que fût le nombre de tours par minute, les lectures du dynamomètre représentaient exactement l'énergie communiquée à l'air. Cela semblait indiquer que l'hélice fonctionnait très bien et que le frottement superficiel était, en fait, bien petit.

Afin de m'en assurer, je construisis ce que nous pourrions appeler, pour le moment, une hélice à pas rigoureusement nul, c'est-à-dire une hélice à ailes en bois exactement de même épaisseur et de même largeur que celles de l'hélice *a*, mais n'ayant aucun pas. On peut voir, en *f*, l'extrémité d'une de ces ailes. Je mis cette hélice sur ma machine à la place de *a*, et, bien que mon dynamomètre fût d'une sensibilité telle qu'il suffisait de toucher l'arbre du bout du doigt pour faire quitter le zéro à l'aiguille, cette aiguille n'indiqua rien; et ainsi il apparut que l'hélice ne consommait aucune puissance. Ces expériences furent répétées un nombre considérable de fois.

Je pris alors une feuille d'étain de même diamètre que les hélices, soit 45 centimètres, et, la faisant tourner à la même vitesse, je trouvai qu'elle consommait une puissance appréciable, plus certainement que les deux ailes *f*. Ceci était évidemment dû aux aspérités de la surface de l'étain. Si c'eût été une bonne lame de scie sans dents absolument lisse des deux côtés, elle n'aurait probablement pas consommé assez de puissance pour faire jouer le dynamomètre. Cependant il est bien possible qu'il y ait un petit peu plus de frottement avec une surface métallique polie qu'avec une pièce de bois bien également vernissée.

Les hélices que j'employai étaient en bois de sapin blanc d'Amérique, dont on fait les modèles. Ce bois n'avait aucun défaut d'aucune sorte, et était extrêmement léger, uniforme et résistant. Quand l'hélice était construite, elle était vernissée sur les deux faces avec de la colle forte chauffée, qui augmentait grandement la résistance du bois dans le sens perpendiculaire aux fibres. Quand la colle était bien sèche, le bois était passé au papier de verre jusqu'à ce qu'il fût poli comme du cristal ; l'ensemble était alors soigneusement vernissé à la gomme laque, poli encore une fois, et revernissé avec une couche très mince d'une laque analogue. De cette façon on obtenait pour l'hélice une surface très lisse. Les hélices étaient naturellement construites avec une grande précision, et aussi dépourvues que possible de toute aspérité.

Ayant essayé l'hélice *a*, j'essayai ensuite l'hélice *b*. Je trouvai que, pour le même nombre de tours par minute, cette hélice produisait une plus grande poussée, mais exigeait une puissance plus forte, et, en comparant l'énergie communiquée à l'air avec les lectures au dynamomètre, je trouvai que cette hélice ne marchait pas tout à fait aussi bien que la première ; cependant, comme la poussée était plus grande et le rendement à peine inférieur, l'hélice *b* semblait en somme la plus avantageuse. Pour l'hélice *c*, dans les mêmes conditions d'expérience, la poussée était beaucoup plus grande, mais la puissance absorbée était aussi augmentée dans une mesure encore plus forte, et par suite cette forme d'hélice se montrait moins favorable que les formes *a* ou *b*. Toutes les hélices essayées avaient des ailes très minces, et je me demandai si la différence entre *a* et *b* ne venait pas de ce fait, que lorsque *a* tournait à très grande vitesse, le côté actif, au lieu d'être plan, pouvait devenir légèrement convexe,

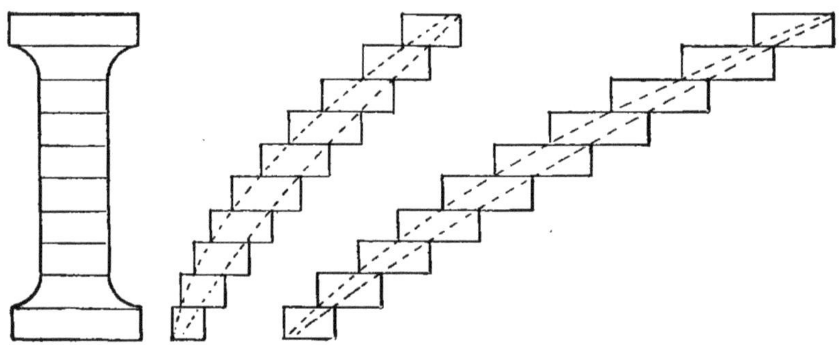

Fig. 15. — Manière de construire de grandes hélices.

tandis qu'avec *b* la légère courbure donnée aux bords de l'aile maintiendrait concave la face active. Je fis alors l'hélice *e*, qui avait le même pas que les trois précédentes, mais dont la face active avait la même forme que *a*. Bien entendu, l'épaisseur supplémentaire des ailes rendait impossible de donner au dos une bonne courbure. Chose assez curieuse, je trouvai que *e* marchait presque aussi bien que *a*, et tout à fait aussi bien que *b*. L'épaisseur supplémentaire n'influençait pas d'une manière appréciable le rendement de cette hélice. Je construisis alors un autre propulseur, *g*, qui avait en son milieu la même épaisseur que *e*. Le mettant en marche, je trouvai qu'il exigeait beaucoup de puissance et que, quel que fût le sens de rotation, la poussée était toujours dans la direction du côté convexe, ce qui était tout le contraire de ce qu'on aurait pu naturellement supposer.

Vers l'époque où je me livrais à ces expériences, je dus aller à Paris, et pendant que j'y étais, j'allai voir mon vieil ami Gaston Tissandier. Grâce à son influence, il me fut permis de voir certains modèles d'hélices qu'on m'affirma avoir été employées par le capitaine Renard dans ses expériences faites pour le compte du Gouvernement français, et je fus quelque peu surpris de voir la forme des ailes, reproduite en *h* (*fig.* 14), et sans aucune torsion. De retour en Angleterre, je fis une hélice semblable.

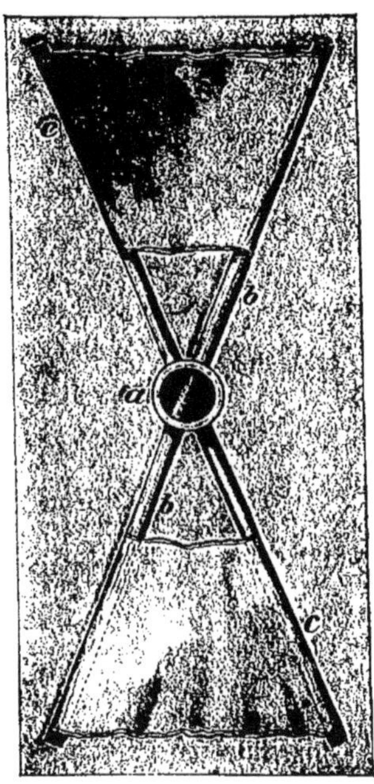

Fig. 16. — Une hélice recouverte d'étoffe, à très bas rendement.

On la voit sur la photographie (*fig.* 9). A la mise en marche, je constatai que son rendement n'était que de 40 0/0 de celui de *a*, c'est-à-dire que l'énergie ou l'accélération communiquée à l'air n'était que 40 0/0 des lectures au dynamomètre. Je me dis alors que cette forme particulière d'hélice devait être destinée à être montrée, mais que l'on ne comptait pas s'en servir.

Ayant pris toutes les différentes formes d'hélices et autres objets reproduits sur la figure 9, je fis quelques hélices de feuilles métalliques, ainsi qu'une autre hélice qui consistait en un bâti d'acier recouvert d'étoffe, et qui était identique aux hélices que j'ai vues décrites en différents ouvrages relatifs à la navigation aérienne. Je fus dans l'impossibilité absolue de maintenir l'étoffe tendue et lisse, et les résultats furent en fait très mauvais, le rendement n'étant que 40 0/0 de celui d'une bonne hélice de bois.

Ayant ainsi reconnu la meilleure forme, je construisis mes premières grandes hélices, qui avaient 5m,35 de diamètre, en suivant le procédé bien connu qui sert à établir les propulseurs de bateaux à vapeur.

La figure 15 indique la forme de l'extrémité de l'aile, son milieu et son moyeu. Ma première paire de grandes hélices avait un pas de 7m,20, mais elles étaient trop grandes, et calaient le moteur. J'en construisis donc une autre paire de 4m,80 de pas, qui exigeait une bien plus grande vitesse du piston, et faisait développer au moteur bien plus de puissance ; la poussée de l'hélice se trouvait aussi accrue juste en raison inverse du pas de l'hélice. Une autre paire d'hélices fut essayée, avec 4m, 20 de pas et 3m,60 de diamètre, mais elles ne marchèrent pas aussi bien. Mes grandes hélices étaient construites avec un haut degré de précision ; elles étaient parfaitement lisses et unies des deux côtés, les ailes étant minces et maintenues en place par un morceau de bois rigide sur le dos de l'aile. Pour empêcher les ailes de fléchir sous la poussée, des fils étaient tendus au dos et attachés à un prolongement de l'arbre. Comme les petites hélices, elles étaient construites avec la meilleure espèce de pin blanc d'Amérique étuvé et, ainsi préparées, on les vernissait sur les deux faces avec de la colle forte chauffée. Quand celle-ci était parfaitement sèche, on passait encore au papier de verre, et la surface était absolument polie et unie.

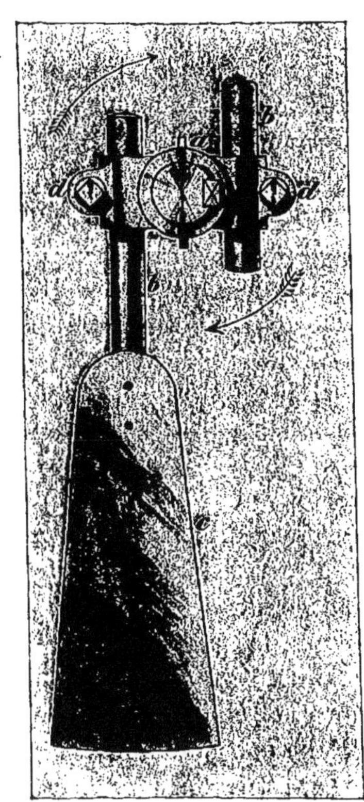

FIG. 17. — Le moyeu et l'une des ailes de l'hélice de la machine Farman.

L'aile *c* est une feuille de métal rivée à la tige *b* prolongée sur le dos de l'aile, ce qui réduit grandement le rendement. La forme particulière du moyeu employé permet de varier le diamètre et le pas de l'hélice à volonté.

Les ailes étaient recouvertes de forte toile d'Irlande, de la qualité la meilleure et la plus lisse. La colle forte était employée pour fixer la toile, et, lorsqu'elle était sèche, une autre couche de colle était appliquée, la surface polie encore une fois, et alors on la passait au blanc de zinc selon le procédé ordinaire, et on la vernissait.

Ces hélices fonctionnaient excessivement bien. J'avais des moyens de me rendre compte, avec une grande précision, de la poussée de l'hélice, du nombre de tours par minute, de la vitesse de la machine, et, en fait, de tout ce qui se passait sur celle-ci. Je trouvai qu'en multipliant la poussée de l'hélice par le pas, et par le nombre de tours à la minute, j'avais un nombre qui correspondait exactement à la puissance développée par le moteur, et que la puissance perdue dans le frottement superficiel était assez faible pour être pratiquement négligeable.

A ce propos, je voudrais ajouter que beaucoup d'expérimentateurs prétendent avoir montré que le frottement sur la surface des hélices est considérable, si grand même que c'est un facteur important dans l'équation du vol. Moi, je crois que ces expérimentateurs n'avaient pas de bonnes hélices. Si la surface de l'hélice est inégale, irrégulière ou raboteuse, il y a une déperdition d'énergie considérable, comme le montrent l'hélice française et l'hélice recouverte d'étoffe.

Il s'agit simplement d'avoir une hélice bien faite. Dans les hélices récemment employées en France (voir *fig.* 17), les ailes sont en feuille de métal martelée, la torsion n'est pas uniforme, et, pour comble, l'arbre *b* fait saillie sur le dos de l'aile et présente une grande résistance à l'air. Cette forme d'hélice, cependant, est très ingénieuse ; comme on le voit d'après le dessin, le pas et le diamètre peuvent être modifiés à volonté. Mais elle est lourde, fait perdre de la puissance, et elle est beaucoup trop petite pour le travail qu'elle doit accomplir.

Le frottement superficiel des hélices dans les bateaux à vapeur a conduit les inventeurs à supposer que les mêmes lois régissent les hélices fonctionnant dans l'air ; mais il n'en est absolument rien. En faisant le projet d'un bateau à vapeur, nous devons adopter un compromis relativement à la grandeur de l'hélice ; si l'hélice est trop petite, une augmentation de son diamètre est, bien entendu, avantageuse, et il peut aussi bien être avantageux de ne point augmenter seulement le diamètre, mais aussi de réduire le pas ; d'ailleurs on

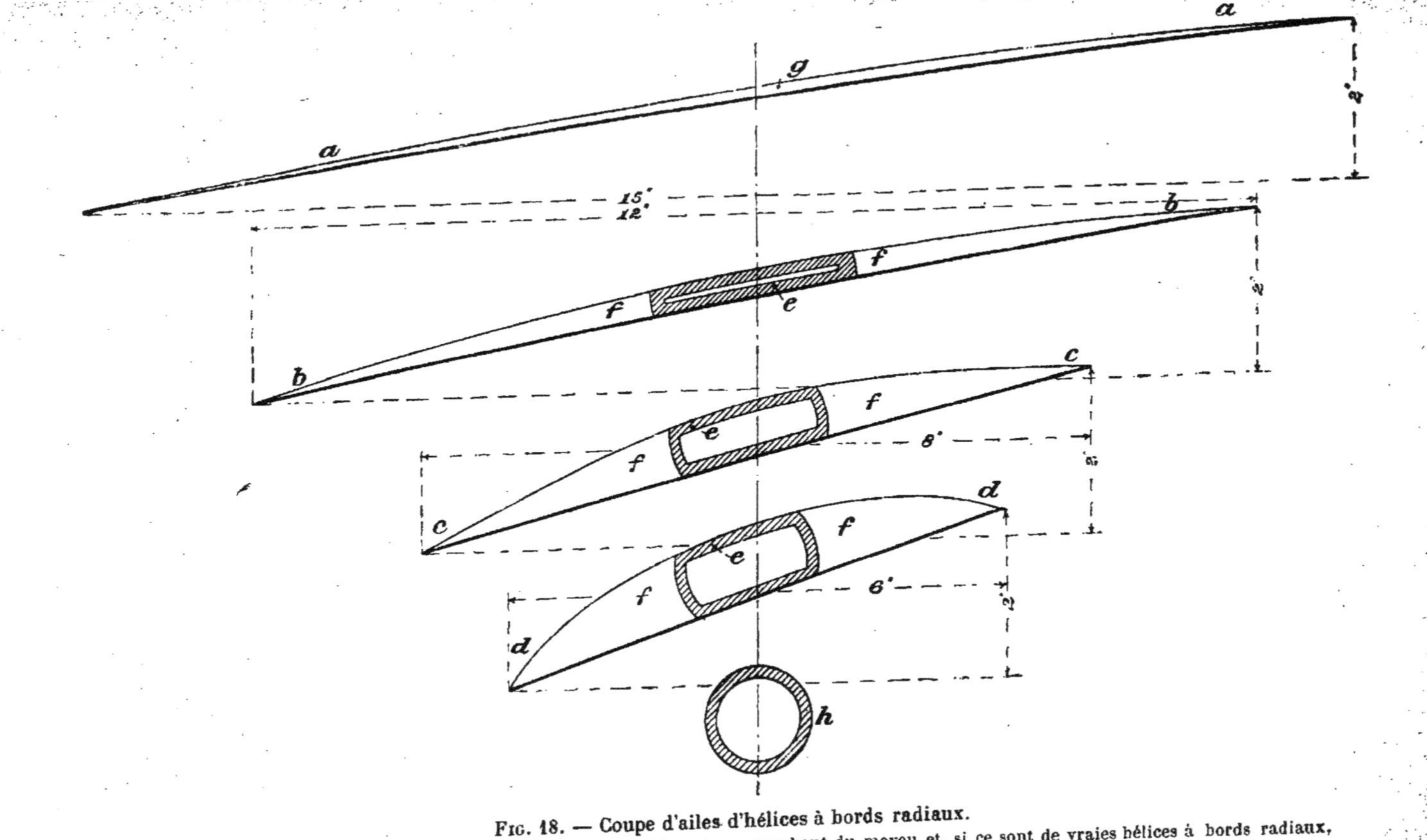

Fig. 18. — Coupe d'ailes d'hélices à bords radiaux.

Avec des hélices de cette forme, les ailes, bien entendu, se rétrécissent en approchant du moyeu et, si ce sont de vraies hélices à bords radiaux, le sinus de l'angle aura une valeur constante en tous les points. Il est de 2 pouces dans le cas actuel.

arrive bientôt au point où le frottement superficiel viendra neutraliser, et au delà, les avantages qu'il y a à mettre en jeu un plus grand volume d'eau. Ceci vient

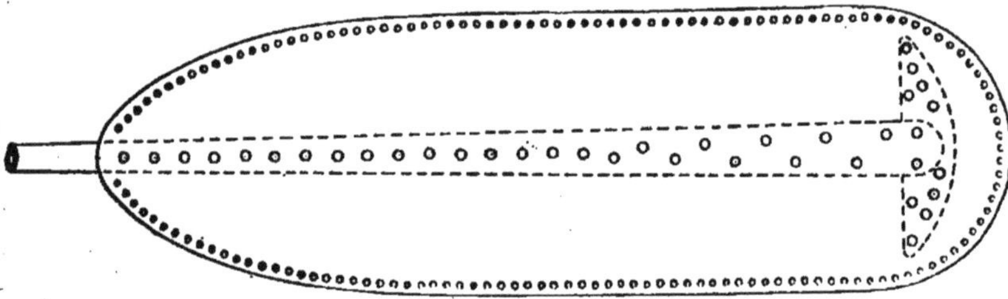

Fig. 19. — Forme d'une aile d'hélice faite en feuille de métal.

Elle est rivée sur les bords, et elle est aussi rivée sur l'arbre de l'hélice avec une pièce de renfort à l'extrémité. Cependant il n'est pas nécessaire de river entièrement les bords. On peut les souder au chalumeau à acétylène-oxygène.

de ce que l'eau adhère à la surface; en réalité, le frottement superficiel d'un navire et de son hélice absorbent largement 80 0/0 de la puissance totale des machines; mais, avec un propulseur aérien, la surface n'est pas mouillée et l'air ne se colle pas à la paroi. Si le propulseur est en bois poli, le frottement est tellement réduit qu'il est presque impossible à mesurer. Le diamètre d'une bonne hélice tournant dans l'air n'est par conséquent limité en aucune manière par le frottement superficiel, comme c'est le cas pour une hélice tournant dans l'eau; c'est plutôt son poids qu'il faut considérer, et son rendement doit croître en raison directe de son diamètre, parce que la surface du

Fig. 19 *a*.
Soudure et bords terminaux.

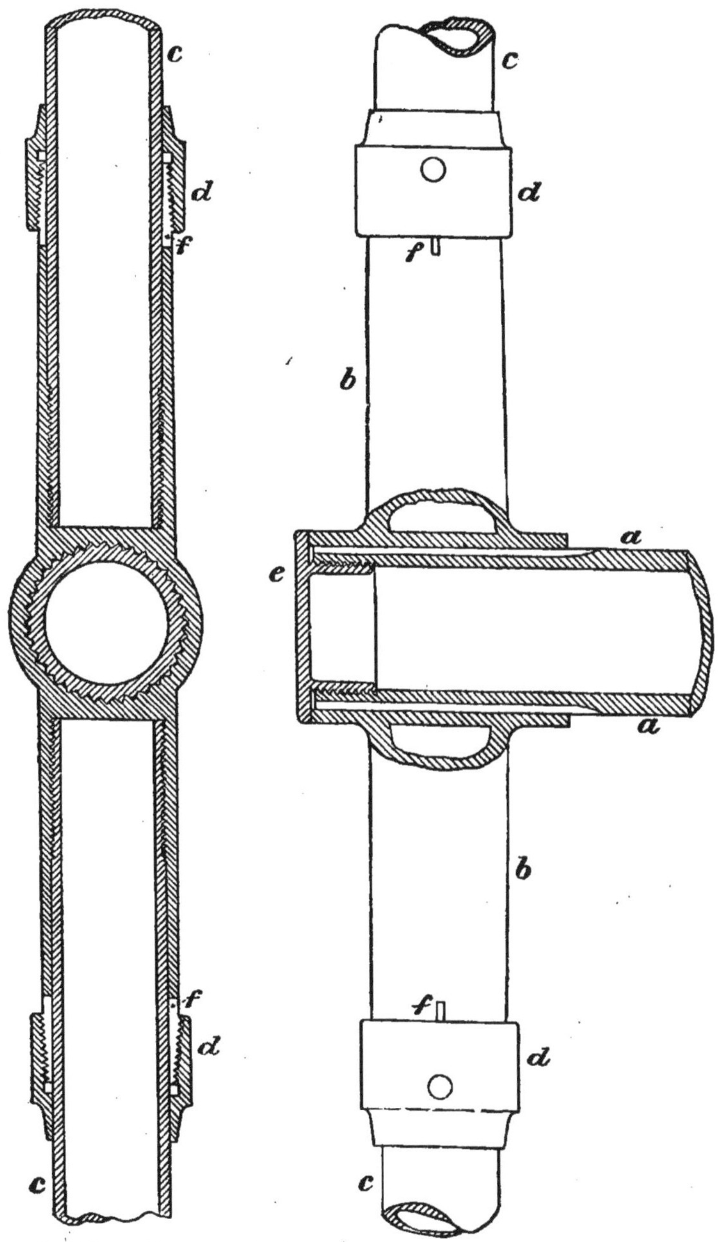

Fig. 20. — Une nouvelle forme de moyeu très robuste et très léger, destiné aux machines volantes.

cercle croît comme le carré de son diamètre. Le recul de l'hélice est donc réduit de moitié en doublant simplement son diamètre. Il est bien entendu que, le diamètre de l'hélice étant doublé, il entrera en jeu quatre fois plus d'air. Si nous la lançons à vitesse moitié moindre, nous aurons la même poussée à l'hélice, puisque la résistance de l'air est proportionnelle au carré de la vitesse que nous lui communiquons, de telle sorte que les deux effets se compensent exactement et la diminution du recul nuisible est juste proportionnelle à l'accroissement du diamètre. En tout cas, l'hélice devrait être faite aussi grande que possible.

Dans le dessin (*fig.* 18), j'ai montré des ailes d'hélice qui donnent les meilleurs résultats, à condition, bien entendu, d'employer une hélice métallique.

Au lieu que l'arbre de l'hélice fasse saillie sur le revers de l'aile, offrant de la résistance à l'air, le bras devrait être tubulaire, aplati, et recouvert des deux coté d'une feuille de métal. Cette disposition particulière n'a pas seulement pour effet d'empêcher l'air de frapper sur le bras, mais encore, en même temps, de prévenir la déformation de l'aile due à la pression de l'air, de sorte que, si l'on veut employer une hélice métallique, on reconnaîtra à la forme d'hélice que j'ai indiquée une grande supériorité sur celles qu'on a employées jusqu'ici pour les machines volantes du continent. Nous ne devrions jamais perdre de vue que le poids exerce une influence très sérieuse sur le succès d'une telle machine, et qu'on ne doit rien épargner pour le réduire autant qu'il est possible sans compromettre la sécurité.

Supposons, par exemple, que nous employons un moyeu habituel, assujetti sur un arbre solide par une clef ordinaire. Toutes les parties devront être lourdes afin d'être assez robustes pour résister aux efforts. Dans le dessin (*fig.* 20) j'ai indiqué une disposition qui me paraît aussi légère et aussi solide que possible. Le moteur agit souvent par à-coups et impose une très grande fatigue aux diverses pièces, et l'arbre a une tendance très forte à tourner dans la douille. Si l'on emploie une clef, le moyeu doit être gros et robuste et la clef de très grande taille, sinon les pièces subiraient une déformation.

Dans mes propres expériences, j'ai trouvé une difficulté considérable pour assurer l'attache des hélices en bois sur l'arbre. D'ailleurs on peut voir sur le croquis que l'arbre et le manchon sont parfaitement solidarisés, grâce à des cannelures longitudinales creusées respectivement sur les deux surfaces en contact, formant deux couronnes dentelées qui s'emboîtent exactement l'une dans l'autre. Ce dispositif réalise un mode d'attache très robuste et d'une grande légèreté. Le moyeu et l'arbre doivent être en acier trempé. Les rais doivent être des tubes d'acier dur étiré, maintenus par de longs fils fins, de façon à résister à la force centrifuge. Pour les empêcher de tourner dans la douille d'acier, on a prévu des bagues filetées d, d, qui embrassent les douilles formant les bras du moyeu et déterminent un serrage énergique sur la nervure de la palette. On voit qu'avec ce système le pas de l'hélice peut être réglé dans une certaine mesure. Cependant il vaut mieux avoir le même pas dans toutes les parties de l'hélice du moyeu au centre. On peut s'écarter légèrement de cette condition pendant la durée de l'expérience tant que cet écart ne dépasse pas la moitié du recul pendant le vol.

Beaucoup d'expérimentateurs ont imaginé qu'une

hélice a exactement le même rendement à l'avant d'une machine qu'à l'arrière. Il est très probable que dans les premiers temps de la navigation à vapeur, il en était de même. Il y a quelques années, des bateaux à vapeur fonctionnaient sur la rivière d'Hudson (New-York) avec leurs hélices à l'avant au lieu de les avoir à l'arrière. Les inventeurs ni les expérimentateurs de machines volantes ne sont pas du tout d'accord sur la meilleure position de l'hélice.

Il paraîtrait que beaucoup ayant remarqué qu'une voiture à chevaux a toujours ses chevaux en avant, et que la voiture est tirée et non poussée, en ont conclu que, dans une machine volante, l'hélice doit, selon la vraie nature des choses, être fixée en avant de la machine, de façon à la traîner à travers l'air. Les chemins de fer ont leur puissance de propulsion en avant, pourquoi n'en serait-il pas de même des machines volantes? Mais c'est là un très mauvais raisonnement.

Il n'y a qu'une place pour l'hélice, c'est dans le sillage immédiat de la machine au centre de la plus forte perturbation de l'atmosphère. Pendant qu'une machine fonctionne, bien qu'il y ait une différence marquée entre l'eau et l'air en ce qui concerne le frottement superficiel, les conditions sont néanmoins les mêmes en ce qui concerne la *position* de l'hélice. Dans un bateau à vapeur bien conçu, le rendement de l'hélice est si grand qu'il en est presque incroyable ; en fait, si on n'avait jamais construit de bateau à vapeur et qu'on en soumît le projet aux premiers mathématiciens d'aujourd'hui, en leur demandant d'évaluer le rendement de l'hélice, neuf sur dix tomberaient à faux. Ils l'estimeraient toujours trop faible. Comme je l'ai établi plus haut, lorsqu'un navire à vapeur navigue sur l'eau, celle-ci adhère à ses flancs et avance avec lui, — c'est-à-dire que l'accélération qui lui est imprimée correspond exactement à la puissance dépensée dans la propulsion du bateau. Cela, bien entendu, ralentit le navire, et nous trouvons dans un navire bien construit qui ne dépasse pas sa vitesse normale, que 80 0/0 environ de la puissance des machines sont perdus en frottement superficiel ou en impulsion donnée à l'eau. Supposons que nous prenions un tel navire, que nous lui enlevions son hélice et que nous le remorquions sur l'eau avec un câble très long, et à une vitesse de 40 kilomètres à l'heure, par exemple, nous trouverions que l'eau à l'arrière du vaisseau avancerait à une vitesse de 10 kilomètres à l'heure, largement, — et cela, dans le sens du bateau. Replaçons les hélices, et employons un moteur de puissance suffisante pour donner au vaisseau la même vitesse de 40 kilomètres à l'heure, nous obtiendrons le même résultat identiquement.

Le frottement superficiel entraîne l'eau à la suite du bateau, si bien que l'hélice, au lieu de tourner dans une eau calme, tourne réellement dans une eau qui se meut dans la direction du navire à une vitesse de 10 kilomètres à l'heure. Si le recul de l'hélice était égal à ce mouvement en avant, le recul apparent serait nul; en réalité, le vaisseau ira juste aussi vite qu'il irait si l'hélice tournait dans un écrou solide au lieu de l'eau fluide.

Chose assez curieuse, il y a eu des cas de recul négatif, dans lesquels le véritable recul de l'hélice dans l'eau était plus faible que le mouvement en avant de l'eau, et dans ces conditions, on dit que le vaisseau a un recul négatif. Un cas très remarquable de ce genre s'est produit dans la marine royale[1], il y a soixante ans ; je travaillais à ce moment dans une grande maison de constructions navales de New-York, et je me rappelle très nettement l'intérêt que ce cas souleva parmi les dessinateurs et les ingénieurs de cette maison. Naturellement, ce phénomène, en apparence impossible, donnait lieu à une foule de discussions des deux côtés de l'Atlantique. Il paraît que ce vaisseau avait été construit suivant une spécification de l'Amirauté, qui exigeait une hélice d'un certain diamètre et d'un certain pas avec un nombre de tours par minute spécifié et un nombre déterminé de nœuds à l'heure, tout en limitant à un certain nombre de livres par pouce carré la pression de la chaudière. Quand le navire fut terminé, et fit ses essais, il fut impossible d'atteindre le nombre de tours exigés par la spécification avec une pression de chaudière admissible ; mais la vitesse était plus grande que ne l'exigeait la spécification, et comme c'était à la vitesse qu'on tenait et non au nombre de tours, les entrepreneurs pensaient que leur navire serait accepté. Alors une discussion fut soulevée sur le diamètre et sur le pas de l'hélice. On prétendit qu'une erreur avait été commise. On mesura soigneusement en cale sèche et tout fut trouvé correct. On refit les essais et encore une fois la vitesse dépassa celle de la spécification, sans qu'il fût possible d'obtenir le nombre spécifié de révolutions par minute. Les mathématiciens s'emparèrent alors de la question et l'on trouva que le vaisseau allait réellement plus vite que si l'hélice avait tourné dans un écrou solide. Au lieu d'un recul positif l'hélice avait en réalité un recul né-

1. Les particularités relatives à cet événement sont rapportées d'après les comptes rendus publiés à l'époque par les journaux américains.

gatif; mais on ne croyait pas cela à cette époque et la controverse continua. On recommença plusieurs fois les essais et toujours avec les mêmes résultats. Ce phénomène en apparence inexplicable fut justifié comme il suit :

On déclara que la coque du vaisseau était assez mal faite et causait un freinage considérable dans l'eau, de telle sorte que, quand le navire allait à pleine vitesse, l'eau à l'arrière lui imprimait une vitesse plus grande que le recul réel.

Ce qui est vrai des navires l'est aussi des machines volantes. On n'aura jamais de bons résultats en mettant l'hélice à l'avant au lieu de la mettre à l'arrière. Si l'hélice est devant, l'air refoulé frappe l'appareil volant et exerce certainement une action retardatrice. La charpente, le moteur, etc., offrent une forte résistance au passage de l'air, et si celui-ci a déjà reçu une impulsion vers l'arrière, la résistance en est considérablement accrue. La charpente exigera toujours une dépense d'énergie considérable pour traverser l'air, et la totalité de cette énergie est employée à imprimer à l'air un mouvement vers l'avant, de sorte que si nous plaçons l'hélice de propulsion à l'arrière de la machine, au centre de la plus grande résistance atmosphérique, elle va récupérer une partie de l'énergie perdue, comme dans le cas du navire cité plus haut. On voit donc que quand l'hélice est à l'arrière, elle se meut dans un air qui a déjà une vitesse acquise considérable dans le sens du mouvement, ce qui réduit le recul de l'hélice dans une mesure correspondante. J'ai fait des expériences dans le but d'en faire la preuve; on les trouvera plus loin, et on verra qu'elles sont décisives,

II. — DES AÉROPLANES OU SUSTENTATEURS

Mes premières expériences ont montré que les aéroplanes en bois sont bien supérieurs à tous les aéroplanes recouverts d'étoffe que j'ai pu faire à ce moment; mais comme il ne pouvait être question de bois sur

Fig. 21. — Petit appareil pour l'essai des sustentateurs de diverse nature, la pièce expérimentée étant soumise à un courant d'air afin de comparer la force ascensionnelle à la traction dans le sens du vent.

ma grande machine, en raison de son poids, il me fallut bien faire des expériences en vue de comparer les différentes étoffes. Dans ce but, je fis le petit appareil ci-dessus (*fig.* 21). Il était en relation avec un ventilateur; ce ventilateur était actionné par un moteur à vapeur muni d'un régulateur qui agissait directement sur l'admission. La vitesse était, par suite, rigoureusement uniforme et le courant d'air pratiquement cons-

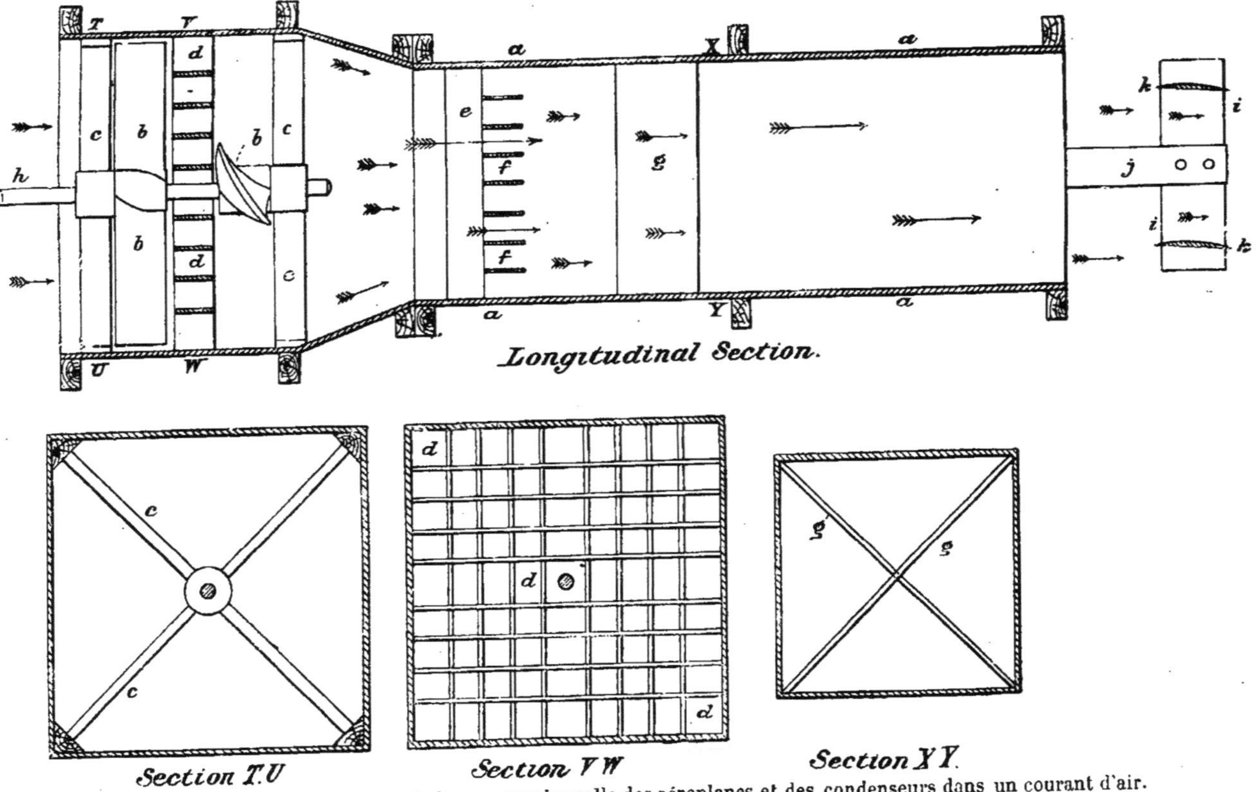

Fig. 22. — Appareil pour mesurer la force ascensionnelle des aéroplanes et des condenseurs dans un courant d'air.
K, K, deux aéroplanes en position d'expérience.

tant. J'avais un nombre considérable de petits cadres taillés dans des feuilles d'acier et je leur attachai différentes sortes d'étoffes, telles que satin ordinaire, soie blanche, soie à tissu serré, toile, différentes sortes de tissus de laine, y compris quelques tweeds très grossiers, et aussi du papier de verre, de la drisse et de l'étoffe

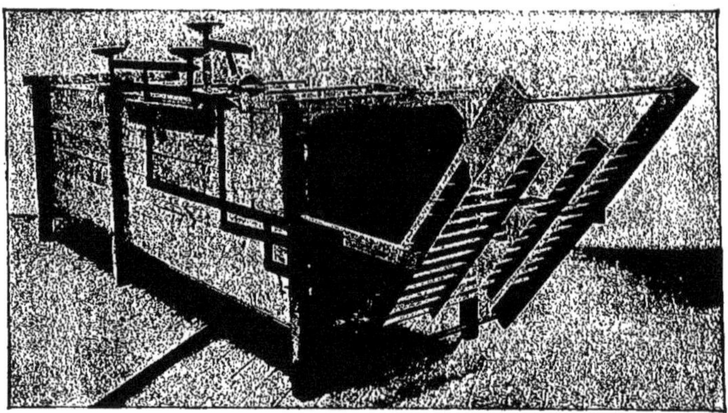

Fig. 23. — Appareil pour l'essai d'aéroplanes, de condenseurs, etc., dans un courant d'air. L'ouverture est de 3 pieds carrés (0m,90). Des supports minces en laiton, sont indiqués dans leur position d'expérience.

de ballon Spencer de la meilleure qualité. Le courant d'air n'était pas assez grand pour couvrir toute la surface des aéroplanes, si bien que la forme de l'arrière de la charpente n'entrait pas en ligne de compte.

Le premier objet essayé fut un morceau d'étain poli. Quand il était placé sous une inclinaison de $\frac{1}{14}$, on trouvait que la traction était exactement égale au cinquième de la force ascensionnelle. C'était bien ce qui devait se produire. En portant l'angle à $\frac{1}{10}$, on avait un résultat semblable : la force ascensionnelle était 10 fois plus grande que la traction. Je pris donc comme base les résultats obtenus avec la feuille d'étain, et affectai chaque autre substance expérimentée d'un coefficient par rapport à l'unité ainsi choisie. Dans l'essai d'un cadre recouvert de soie blanche à tissu serré, une grande quantité d'air passait au travers, et, sous une inclinaison de $\frac{1}{14}$, la force ascensionnelle n'était que le double environ de la traction. Une pièce d'étoffe à tissu peu serré, une sorte de bougran, fut expérimentée ensuite, et cette fois la force ascensionnelle fut à peu près égale à la traction. Avec du satin luisant à tissu serré, le coefficient fut d'environ 0,80 ; avec une pièce de drap de lit ordinaire, 0,90 ; avec des tweeds bruts, à tissu serré, 0,70, et avec du papier de verre, environ 0,75.

Avec une pièce de drisse très serrée, j'obtins juste les mêmes résultats qu'avec la feuille d'étain, et avec la toile à ballon Spencer le coefficient fut d'environ 0,99. En conséquence, je décidai de recourir aux aéroplanes faits avec cette substance. On observera que l'appareil est disposé de telle sorte que la force ascensionnelle et la traction peuvent toutes deux être aisément mesurées.

Afin de me rendre compte de la résistance rencontrée par des corps de différentes formes traversant l'air à différentes vitesses, de la meilleure forme d'aéroplane et du rendement des condenseurs aériens, je fis l'appareil reproduit sur les figures 22 et 23. La partie rectiligne la plus étroite de cet appareil avait $3^{m2},60$ de long et exactement $0^{m2},27$ de section intérieure ; elle communiquait avec une petite chambre de $0^{m^2},3716$. Deux hélices solides construites en bois *bb* et *d*, étaient fixées sur le même arbre. Ces hélices avaient deux ailes chacune, et, au moment où l'une d'elles avait ses ailes verticales, l'autre les avait en position horizontale. J'interposai entre les hélices des barres de bois mince disposées comme il est indiqué en *dd*, afin d'empêcher la rotation de l'air. En *e*, je plaçai des barres verticales de bois mince, et en *f* des barres horizontales de même dimension. En *g*, deux planches larges et minces, tranchantes sur les deux bords, et disposées en forme d'X, étaient placées dans la chambre comme le montre la section XY. Un moteur de 100 HP, à admission variable automatique, servait aux expériences : il donnait aux hélices une vitesse de rotation uniforme, et comme le moteur n'avait pas d'autre travail à fournir, le régulateur pouvait être disposé de façon à donner toute la série des vitesses exigées par les expériences. Les objets à expérimenter étaient fixés aux barres mobiles. Dans le dessin, l'aéroplane *kk* est représenté en position d'expérience. Cet appareil était muni d'un système de leviers assez compliqué, qui permettait de mesurer non seulement la force ascensionnelle des objets expérimentés, mais aussi la traction qu'ils subissaient. Le principe de cet appareil était

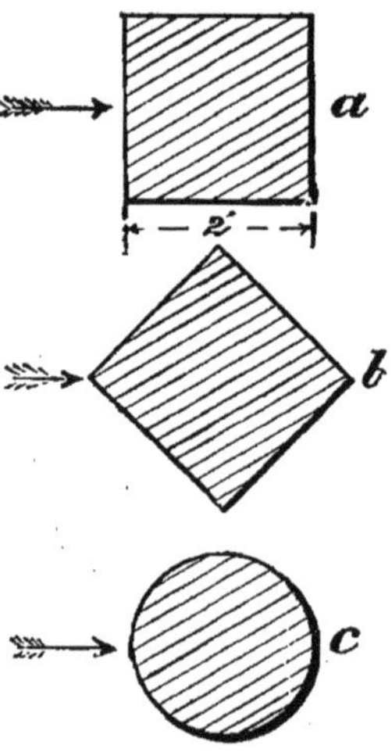

Fig. 24. — Coupes des barres de bois employées pour mesurer le coefficient des différentes formes de corps.

une modification de celui de la balance d'épicier. Le premier objet essayé fut une barre de bois de 93 centimètres carrés de section exactement (*fig.* 24).

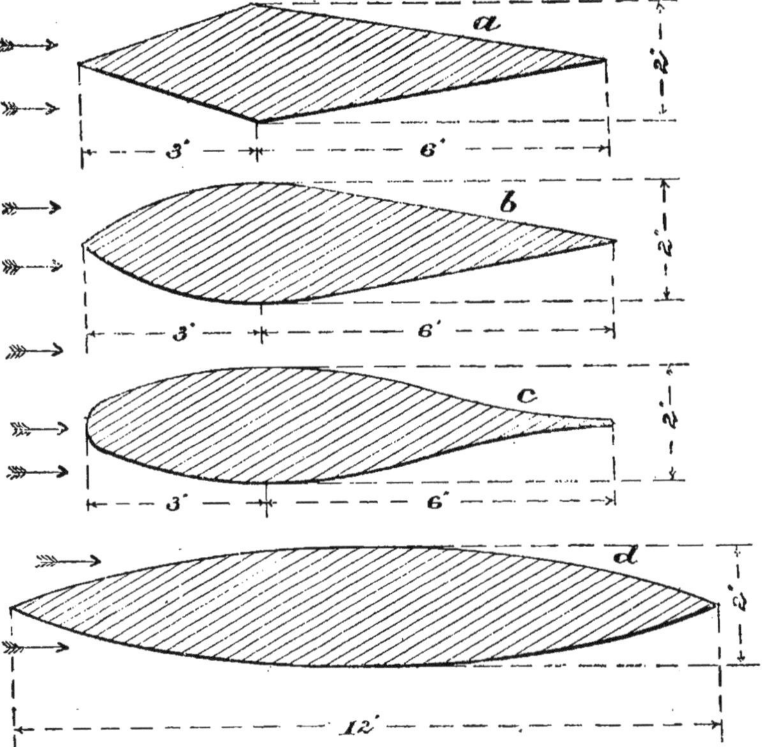

FIG. 25. — Coupes transversales des barres de bois expérimentées en vue de mesurer leur coefficient relatif à un plan normal.

Elle fut placée de telle manière que le courant d'air frappait de front sur la face indiquée par le dessin, et, avec un courant d'air de 80 kilomètres à l'heure, je trouvai que la traction (tendance à suivre le vent) était de $2^{kg},34$; en même temps le courant d'air donnait sur mon instrument une pression de 1 kilogramme sur un plan normal de 36 centimètres carrés. La vitesse du vent était indiquée par un excellent anémomètre de Londres. En tournant la même barre de bois dans la position diagonale *b*, la traction montait à 2kg,48. Une barre ronde en bois, de 5 centimètres de diamètre, *c*, donna une traction de 1kg,35. Ces expériences furent répétées avec un courant d'air de 64 kilomètres à l'heure, ce qui donna pour *a* une traction de 2 kilogrammes, et pour la barre cylindrique 1kg,87. On voit par ces expériences que la puissance nécessaire pour la traction des barres ou tiges à travers l'air est considérablement plus grande qu'on n'aurait pu supposer.

Le second objet expérimenté ensuite avait le profil *a* (*fig.* 25). Quand il fut soumis à un vent de 64 kilomètres à l'heure, la traction fut de 0kg,35. En renversant cette barre, c'est-à-dire en mettant le bord effilé du côté du vent, au lieu du bord épais, la traction monta à 0kg,552; *b* donna une traction de 0kg,131, avec le bord épais exposé au vent, et 0kg,190 avec le bord mince du côté du vent; *c* donna une traction de 0kg,104 (bord épais au vent) et 0kg,287 (bord mince); et *d*, qui avait la même épaisseur que les autres, et 30 centimètres de large, donna 0kg,86 seulement, les deux bords étant égaux. Ces expériences montrent d'une manière concluante les formes qu'il faut préférer dans la construction des machines volantes.

L'aéroplane *e* (*fig.*26), placé horizontalement sur la machine, n'accusait ni force ascensionnelle ni traction; mais, placé sous un angle de $\frac{1}{20}$, comme il est indiqué en *f*, il accusait 1kg,80 de force ascensionnelle et 0kg,135 de traction, pour une vitesse du vent de 64 kilomètres

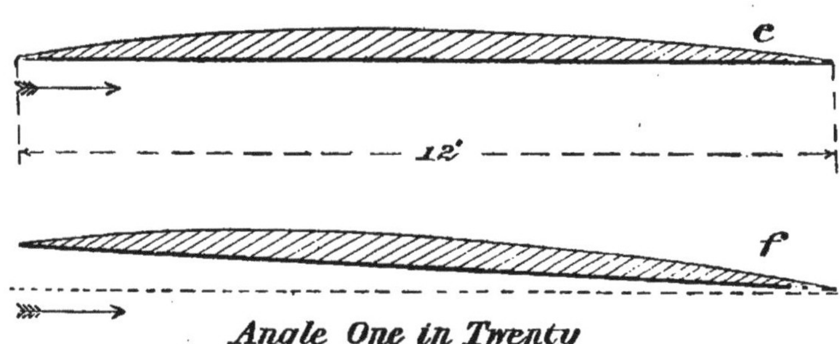

FIG. 26. — Aéroplane plan placé sous différents angles.

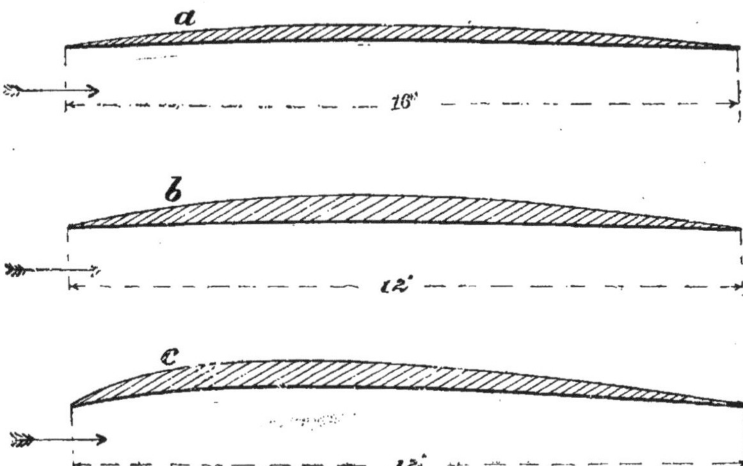

FIG. 27. — Groupe d'aéroplanes employés dans les expériences.

On leur a donné la même grandeur sur le dessin : en réalité, l'aéroplane *a* avait 16 pouces de large, et *b* et *c*, 12 pouces.

à l'heure. Sous cet angle réduit, l'aile tremblait légèrement. En plaçant le même plan sur une inclinaison de $\frac{1}{16}$ (voir *g*), il accusait une force ascensionnelle de 2^{kg},80 et une traction de 0^{kg},240. On observera que la face inférieure de ce plan est parfaitement plate.

La série d'expériences que nous allons exposer porta ensuite sur des sustentateurs légèrement incurvés, qui donnèrent les résultats suivants :

	VENT EN KILOMÈT. A L'HEURE	INCLINAISON	POUSSÉE VERTICALE	TRACTION	OBSERVATIONS
Profil *a* Fig. 27	kilomètres 64	1/10	kilogr. 4,500	kilogr. 0,507	Largeur 0^{m},40 épaisseur faible et légère courbure. — Sous un angle très faible, *a* trépidait assez fortement pour rendre les lectures très incertaines.
		très voisine de 1/10	4,684	0,557	
Profil *b*	65,6	1/14	2,391	0,199	Largeur 0^{m},30
		1/12	2,636	0,226	
		1/10	3,057	0,330	
		1/8	3,510	0,453	
		1/7	3,850	0,566	
		1/6	4,471	0,774	
Profil *c*	»	1/16	2,473	0,168	Profil *a*, courbure plus forte que pour le précédent.
		1/12	2,772	0,244	Deux expériences
			2,300	0,253	
		1/10	3,157	0,317	
		1/8	4,124	0,493	
		1/7	4,500	0,657	
		1/6	4,684	0,793	
	Les deux bords placés au même niveau...		0,947	0,095	

Lorsque le bord postérieur est relevé avec une pente de $-\frac{1}{18}$, la poussée verticale disparaît et la traction devient pratiquement négligeable.

Le profil de la figure 28 a également donné des résultats dans la position *a*, le sustentateur était

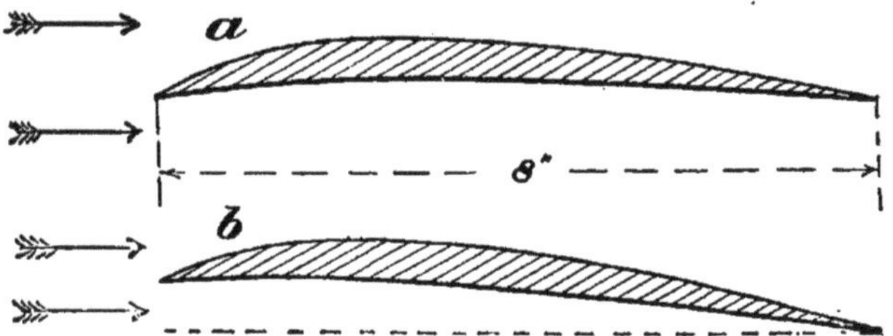

Fig. 28. — Un aéroplane de 20 centimètres qui fonctionnait très bien. Il accusait nettement une force ascensionnelle quand la face inférieure était absolument horizontale, comme il est indiqué en *a*.

placé horizontalement, et l'appareil soigneusement équilibré. Il accusait, pour un vent de 64 kilomètres à l'heure, une poussée ascensionnelle de $0^{kg},707$ et une traction de $0^{kg},095$.

Sous des inclinaisons successives on obtenait :

INCLINAISON	POUSSÉE VERTICALE	TRACTION
	kilogrammes	kilogrammes
1/20	1,640	0,095
1/16	1,853	0,118
1/14	2,038	0,149
1/12	2,265	0,195
1/10	2,605	0,272
1/8	3,058	0,389

Le courant d'air était alors porté à une vitesse de $75^{km},728$ à l'heure, ce qui donnait sous un angle de $\frac{1}{16}$

une force ascensionnelle de $2^{kg},265$ pour $0^{kg},149$ de traction. On remarquera que cet aéroplane n'avait que 20 centimètres de large, tandis que les autres avaient 30 centimètres ou plus. Ils étaient tous d'une longueur sensiblement supérieure à $0^{m},90$; mais la largeur du courant d'air auquel ils étaient soumis était exactement de $0^{m},90$, et ils étaient placés aussi près que possible du bout de l'arbre.

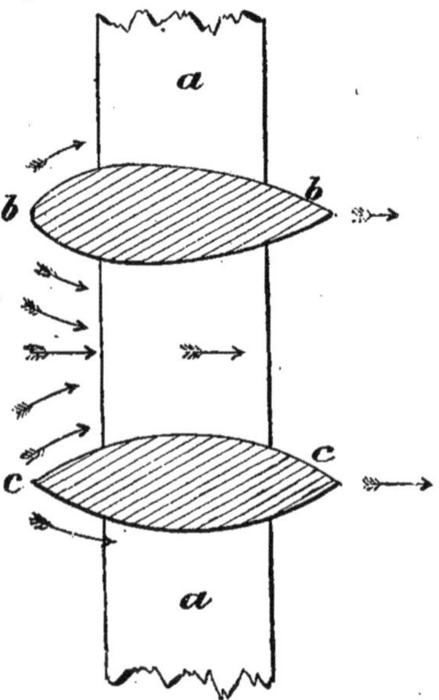

Fig. 29. — Résistance offerte par les objets placés très près l'un de l'autre.

Les expériences suivantes furent faites en vue de me rendre compte de l'effet produit quand les objets étaient placés à côté les uns des autres (*fig.* 29). Deux barres de bois, de 32 centimètres de largeur, taillées comme l'indique le dessin, étaient placées sur l'appareil et soumises à un courant d'air de $65^{km},6$ par heure ; la traction à différentes distances mesurées de centre à centre variait comme suit :

			Traction
60 centimètres	de centre	à centre...	170 grammes
55	—	— ...	170 —
50	—	— ...	170 —
45	—	— ...	173,5 —
40	—	— ...	173,5 —
35	—	— ...	177 —
30	—	— ...	184 —
25	—	— ...	198,5 —
20	—	— ...	220 —
15	—	— ...	241 —
10	—	— ...	262 —

On voit par là que les différentes pièces qui constituent la charpente d'une machine volante ne doivent pas être trop rapprochées les unes des autres.

Une barre de bois de forme analogue à *d* (*fig*. 25), mais de 22^{cm},5 de large au lieu de 30 centimètres, fut soumise à un courant d'air de 65^{km},6 à l'heure, avec son bord avant de 8^{cm},3 plus haut que le bord arrière, et elle accusa une force ascensionnelle de 3^{kg},207 et une traction de 1^{kg},643. Quand l'inclinaison était réduite à 6^{cm},8, elle accusait une force ascensionnelle de 2^{kg},052 pour une traction de 0^{kg},353, et sous un angle réduit à 3^{cm},3, respectivement 1^{kg},526 et 0^{kg},226.

On voit donc que tous les objets arrondis des deux côtés donnent une force ascensionnelle très avantageuse, remarque qu'il faut mettre à profit dans le projet de la charpente des machines.

La barre de bois *c* (*fig*. 25) fut expérimentée ensuite. Avec le bord tranchant du côté du vent, et avec le bord avant de 5 centimètres plus haut que le bord arrière, elle leva 1^{kg},150 pour une traction de 0^{kg},339. En la retournant de façon que le vent frappât sur le bord le moins effilé, elle leva 2^{kg},015 pour une traction de 0^{kg},212.

Ce résultat semblait assez remarquable ; mais il

était parfaitement réel, et je le mentionne pour que d'autres en fassent leur profit. Cela indique cependant que nous devons tenir compte de toutes ces particularités de l'air en construisant la charpente d'une machine, charpente qui a la plus grande importance, puisque j'ai trouvé qu'une grande partie de l'énergie empruntée au moteur est employée en pure perte pour la mouvoir dans l'air. Il est très vrai qu'une certaine quantité de cette énergie peut être récupérée par l'hélice, pourvu qu'elle tourne dans le sillage de la charpente ; cependant il vaut beaucoup mieux que celle-ci soit construite de manière à offrir la moindre résistance possible à l'air, et, d'une manière générale, tout doit tendre à donner de la force ascensionnelle.

III. — CONDENSEURS

M'étant rendu compte de la poussée verticale des aéroplanes en bois de profils variés et pour diverses vitesses du vent, et aussi de la résistance offerte par différents corps en mouvement dans l'air, je tournai ensuite mon attention sur la question de la condensation. Je désirais récupérer autant d'eau que possible de la vapeur produite.

Or j'avais expérimenté déjà avec des sustentateurs imaginés par M. Horace Philipps et qui me parurent pouvoir servir mon dessein. Ils jouissaient d'une force ascensionnelle remarquable, en effet. Chose curieuse, ces aéroplanes donnaient encore une force ascensionnelle appréciable quand le bord avant était sensiblement plus bas que le bord arrière. Je résolus donc de profiter de ce phénomène singulier et de faire mes tubes

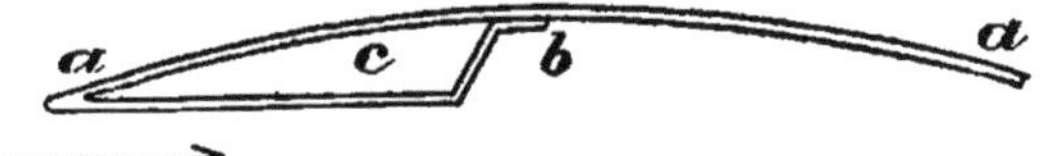

Fig. 30. — Section transversale d'un tube condenseur exécuté selon la forme des sustentateurs de Philipps.

c, espace où circule la vapeur.

de condensation en me rapprochant autant que possible de la forme des sustentateurs de M. Philipps. La figure 30

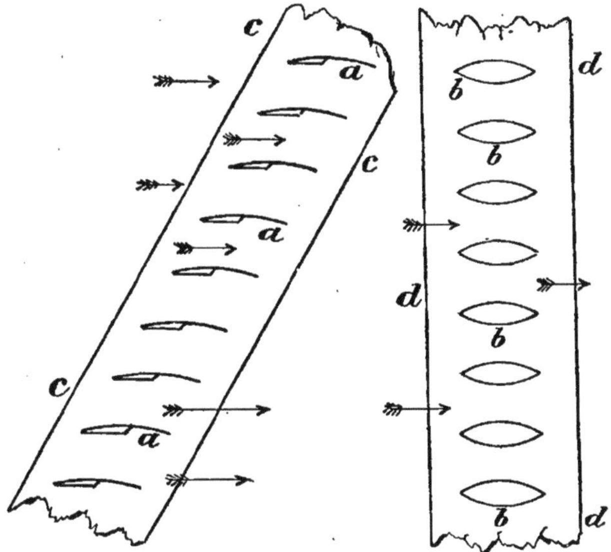

Fig. 31. — Le groupe des tubes condenseurs, exécutés selon la forme des sustentateurs Philipps.

Ce dispositif est très efficace, condense la vapeur ou refroidit l'eau, et donne en même temps une certaine poussée verticale. Au contraire, la forme et la disposition des tubes indiqués en *b*, *b*, bien que bonne pour la condensation, ne produit pas de force ascentionnelle, mais détermine une traction assez forte.

montre une coupe d'un de ces tubes; *a a* est la surface supérieure, *b* un joint soudé, et *c* l'espace où circule la vapeur.

Les tubes étaient montés sur un bâti, comme il est indiqué en *a* (*fig.* 31). J'avais déjà reconnu que des corps situés à proximité les uns des autres offraient une plus grande résistance à l'air ; mais, en plaçant les diverses pièces en cascade, de la manière indiquée, cet inconvénient était évité, puisque l'air avait assez d'espace pour passer sans être ni poussé en avant ni comprimé. L'expérience montra que la disposition des tubes, indiquée en *dd* (*fig.* 31), était très bonne pour la condensation, donnait une traction très forte, mais pas de poussée verticale du tout; tandis que, d'autre part, la disposition indiquée en *a* était aussi efficace au point de vue de la traction, et en même temps donnait nettement de la force ascensionnelle.

Quand ces douze tubes ou sustentateurs furent placés sous une inclinaison de $\frac{1}{12}$, la force ascensionnelle fut $5^{kg},728$ et la traction $0^{kg},933$. Je trouvai cependant qu'une grande partie de l'effort horizontal était due à l'action du vent sur le bâti qui servait à maintenir les sustentateurs en place. Avec un vent de 64 kilomètres à l'heure, et à une température de 16° (60° Fahrenheit) $1^{kg},019$ d'eau étaient condensés en cinq minutes, et, pendant la marche, le bord arrière des tubes était absolument froid.

Un autre essai du même dispositif dans les mêmes conditions donna $4^{kg},983$ de force ascensionnelle et $0^{kg},118$ de traction. Il est tout à fait possible que dans cette occasion le métal fut si mince que les angles ne restaient pas constants, par conséquent qu'on ne pouvait pas faire deux lectures semblables. Je m'aperçus alors que la courroie glissait, et je mis une plus grande poulie sur l'arbre de commande des hélices ;

dans ces conditions, avec un vent de 79 kilomètres à l'heure et une pente de $\frac{1}{8}$, la force ascensionnelle remonta à $6^{kg},736$, avec une traction de $0^{kg},110$, et le condenseur débitait $1^{kg},307$ de vapeur sèche en cinq minutes. Le poids de métal de ce condenseur était extrêmement réduit, l'épaisseur n'étant que de $\frac{5}{100}$ de millimètre $\left(\frac{1}{500}\text{ de pouce}\right)$ environ : le condenseur débitait en cinq minutes un poids d'eau égal à celui des sustentateurs.

On voit par ces expériences qu'un condenseur aérien, s'il est convenablement construit, est parfaitement efficace. En gros, on peut dire qu'il exige 2400 fois plus d'air, en volume, que d'eau employée comme agent de refroidissement. Avec le condenseur des machines à vapeur, il n'y a qu'une quantité d'eau relativement faible d'admise, et on reconnaît qu'elle est suffisante ; mais, pour un condenseur aérien fonctionnant dans l'atmosphère, il faut que l'admission soit aussi large que possible, de façon à ce que de l'air qui a touché une surface chaude ne puisse jamais se retrouver au contact d'une autre surface analogue.

CHAPITRE V

EXPÉRIENCES AVEC APPAREIL ATTACHÉ A UN BRAS ROTATIF

Des renseignements que j'ai sous la main, il résulte que le professeur Langley a fait ses premières expériences avec un petit appareil, n'employant que des aéroplanes de quelques pouces, qui tournaient sur un cercle d'environ 12 pieds (3^{m},60) de diamètre. Avec ce petit appareil, il put montrer que la force ascensionnelle des aéroplanes était beaucoup plus grande qu'on ne l'avait prévu. Après avoir fait ces premières expériences, il sembla arriver à la conclusion que la loi de Newton était fausse.

Peu de temps après que ce savant eut fait ces expériences sur ce qu'il appelait une *whirling table* (table tournante), nom d'ailleurs assez peu approprié, je fis moi-même un appareil du même genre, mais beaucoup plus vaste que ceux du professeur Langley.

Je comptais en pieds pour les dimensions de mes aéroplanes, là où il avait compté en pouces pour les siens. La circonférence du cercle sur lequel je lançais mes aéroplanes était exactement de 200 pieds (60 mètres), et peu après Langley construisit un nouvel appareil, de mêmes dimensions que le mien. Une gravure que j'ai sous les yeux montre qu'il se compo-

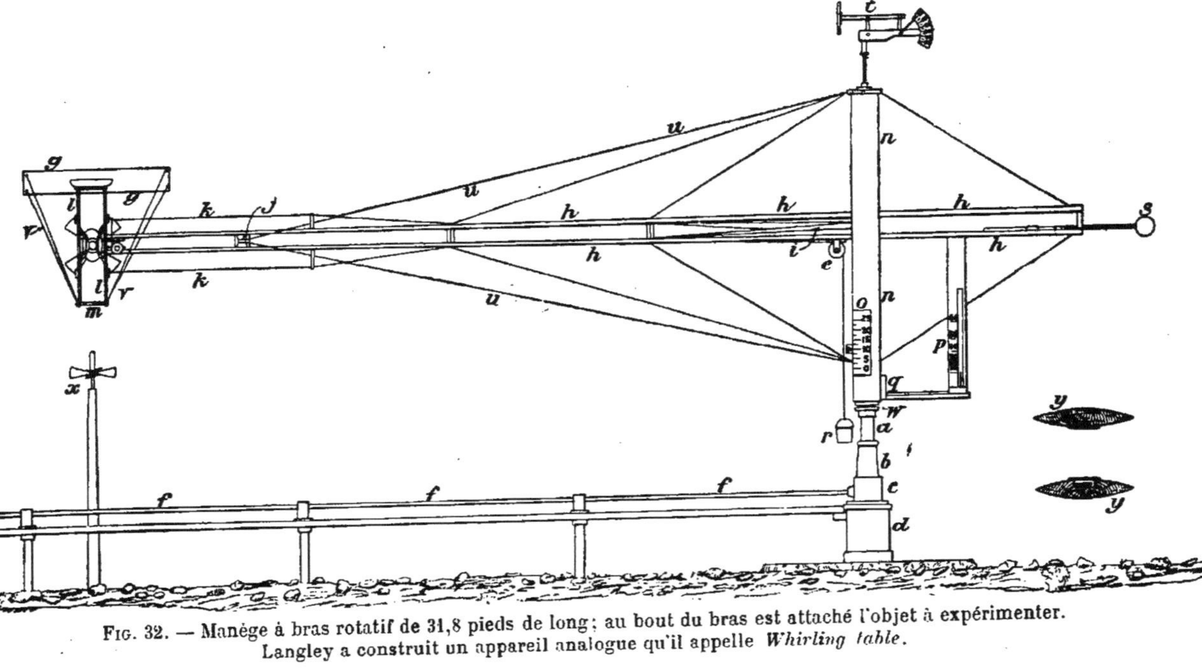

FIG. 32. — Manège à bras rotatif de 31,8 pieds de long ; au bout du bras est attaché l'objet à expérimenter. Langley a construit un appareil analogue qu'il appelle *Whirling table*.

sait d'un grand fléau en bois, soutenu par de nombreux haubans, mais susceptible d'être incliné sur la verticale à la manière d'un fléau de balance ordinaire. Comme cet appareil était très lourd et présentait une énorme résistance à l'air, je ne peux pas comprendre comment il était possible d'obtenir des lectures bien

Fig. 33. — Une hélice et un aéroplane recouvert d'étoffe en position d'expérience.

correctes, surtout étant donné qu'il était en plein air et exposé aux variations du vent.

En construisant mon appareil, qu'on peut voir sur les photographies, et aussi en élévation latérale (*fig.* 32), je visais à faire très léger et très robuste, en réduisant autant que possible la résistance atmosphérique.

Sur le croquis, *a* est un fort tube d'acier d'une seule pièce, de 15 centimètres de diamètre; *b*, un socle de fonte solidement boulonné dans le piédestal *d* et fixé à un grand trépied de fonte scellé lui-même dans un massif de ciment. J'obtenais ainsi une grande rigidité; *n*, *n* étaient deux planches jumelles, en pin de Géorgie, de 5 centimètres d'épaisseur et solidement boulonnées ensemble. Les deux membrures constituant le fléau *hh* étaient faites en acajou du Honduras, bois extrêmement résistant, et les bords étaient amincis et tranchants comme il est indiqué en *y*, *y*. La puissance motrice était fournie par une machine à vapeur légère, pourvue d'un régulateur sensible; elle était transmise par l'arbre *ff*. Dans le socle *c*, du bâti en fonte *b*, était placé un train d'engrenages coniques, qui communiquaient à l'arbre vertical une grande vitesse. La courroie *i*, passant sur une poulie située au sommet de cet arbre, courait entre les bras *h*, *h*, comme il est indiqué sur la coupe *yy*. Elle communiquait d'une façon très simple une rotation rapide à l'arbre de l'hélice. La machine se manœuvrait comme suit : l'aéroplane en expérience *g* était assujetti à une sorte de balance dont le détail est indiqué (*fig.* 36), et l'hélice était fixée sur l'arbre. On mettait en marche le moteur; l'hélice prenait un mouvement de rotation rapide, ce qui déterminait la mise en marche du bras radial à une grande vitesse, tout le poids portant sur une bille de support, en *w*. Les bras radiaux, avec leurs attaches, étaient équilibrés par un contrepoids de plomb, allongé en forme de cigare, qui était assujetti à une tige à coulisse, de façon à permettre un réglage facile.

La poussée de l'hélice agissait longitudinalement sur son arbre, et le poussait sur un ressort antagoniste relié par un fil très fin et très léger à une aiguille indicatrice *o*. Comme l'appareil tournait assez lentement à cause de son grand diamètre, il était parfaitement possible d'observer la poussée verticale, même lorsque la machine allait à toute vitesse. Les aéroplanes étaient montés à la manière d'un plateau de balance d'épicier (voir *fig.* 36), et la force ascensionnelle était

FIG. 34. — Le bras rotatif de la machine, une hélice et un aéroplane étant en place.

déterminée par le poids soulevé en *r*, — c'est-à-dire que, pendant que la machine allait à une vitesse donnée, on mettait des poids en fer ou en plomb dans le seau *r*, jusqu'à ce que la force ascensionnelle de l'aéroplane fût exactement équilibrée, et alors, afin de se rendre un compte exact de cette force, l'aéroplane était placé sous une sorte de petite grue, et on lui attachait une corde, passant sur une poulie. Le poids nécessaire pour soulever le plan dans la position qu'il occupait pendant la marche était regardé comme représentant exactement sa force ascensionnelle. Pour la commodité des expériences, j'avais prévu une jauge qui consistait

FIG. 35. — La petite machine à vapeur employée dans mes expériences ; le tachymètre et le dynamomètre se voient distinctement.

en un gros tube de verre et un index p, avec une certaine quantité d'eau colorée en rouge q (*fig*. 32). La force centrifuge engendrée par la rotation faisait monter le liquide rouge dans le tube. L'observation était facile, de telle sorte que, si les expériences se faisaient par exemple à 50 milles (80 kilomètres) à l'heure, il était toujours possible d'agir sur la vapeur, de manière à faire monter l'eau colorée jusqu'à la division 50. Ce dispositif était très simple et très bon, et il épargnait beaucoup de temps.

Pour prévenir la torsion du bras radial, un petit tube ovale d'acier rigide de 5m,436 de long était assujetti entre les bras, en *j*, et aux deux extrémités de ce tube étaient attachés les haubans *u*, *u*. Ceci n'avait pas seulement pour effet de supporter l'extrémité du bras, mais encore, en même temps, de l'empêcher de se tordre, et l'ensemble était ainsi rendu extrêmement rigide. Bien entendu, pendant que la machine allait à toute vitesse, la force centrifuge intervenait, et pour l'empêcher de produire un frottement dans les joints articulés de la balance (*fig.* 36), on avait prévu de minces fils de retenue en acier *k*, *k*.

Comme cet appareil fonctionnait en plein air, il en résultait que le plus léger mouvement de l'atmosphère l'influençait considérablement. Une fois, dans l'essai d'un aéroplane recouvert d'étoffe, de 1m,20 sur 0m,90, les quatre angles étant maintenus par les fils *v*, *v*, tirant vers le bas, et l'appareil lancé à toute vitesse, un coup de vent subit rompit deux des fils, brisa l'aéroplane, dont les éclats cassèrent l'hélice elle-même, et ceci bien qu'on eût prévu chacun des quatre fils pour une résistance quatre fois plus forte que ne l'eût comporté la poussée la plus grande que l'ensemble de l'aéroplane était appelé à subir.

Afin de m'assurer de la force et de la direction du vent, je fis un appareil très simple et très efficace qui est indiqué dans tous ses détails (*fig.* 38).

Tandis que je dirigeais ces expériences, l'idée me vint que, lorsqu'on se sert d'un grand aéroplane et qu'il est en action depuis longtemps, il communique à l'air, tout le long du circuit, un mouvement de haut en bas et que, de ce fait, la force ascensionnelle pouvait bien être fortement réduite. Pour m'en assurer, je montai quatre légères hélices de laiton, sur une pointe bien rodée en acier trempé, très au-dessus de leur centre de gravité, de telle sorte qu'elles se balançaient

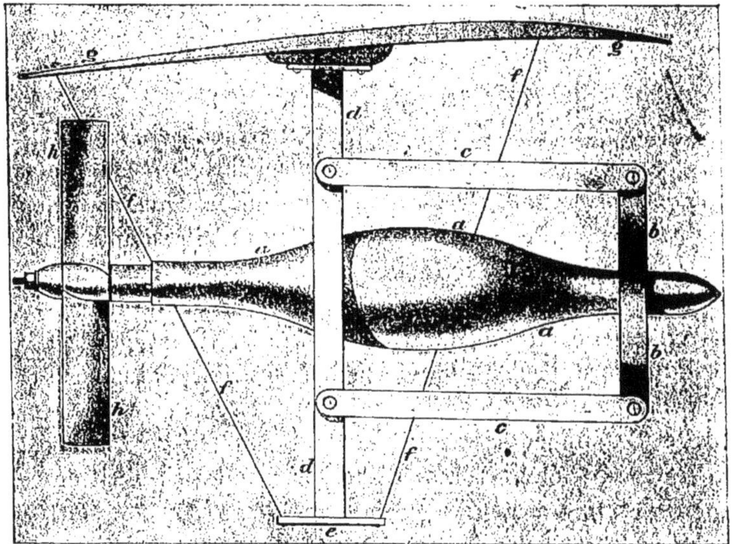

Fig. 36. — La machine attachée au bout du bras rotatif.

aa, corps de l'appareil ; *k*, *k*, deux aéroplanes en position d'expérience sur la machine ; *bb*, collier à quatre branches assujetti sur *aa* ; *c*, *c*, barres parallèles ; *dd*, monture verticale à laquelle l'aéroplane *gg*, est attaché ; *hh*, l'hélice ; *f*, *f*, fils destinés à empêcher la torsion de l'aéroplane.

librement. Grâce à l'absence de tout frottement, elles tournaient facilement, et accusaient le plus petit souffle d'air. Un matin, par temps absolument calme, je plaçai ces quatre hélices à intervalles équidistants le long du circuit. Les unes tournaient très lentement dans un sens, d'autres dans l'autre sens ; d'autres enfin prenaient un mouvement alternatif ; mais tous leurs mouvements étaient très lents. Or, en mettant la machine en marche avec un grand aéroplane et une puissante hélice, je constatai, après un petit nombre de tours, que l'air chassait vers le bas tout autour du circuit, à une vitesse de 3 kilomètres à l'heure environ ; mais l'hélice était à une distance considérable au-dessous de l'aéroplane ; j'estimai que la vraie vitesse descendante de l'air dans lequel fonctionnait l'aéroplane était d'environ 6 kilomètres à l'heure.

Les résultats de mes expériences sont clairement exposés dans une note inédite que j'écrivis à ce moment, et comme elle est d'un grand intérêt historique, je l'ai insérée en appendice, bien qu'elle contienne certaines répétitions.

Dans la figure 36, *aa* représente le corps de l'appareil, partie en bronze, partie en bois. Il est pourvu d'un arbre d'acier auquel l'hélice *h* est fixée, ainsi que d'une poulie cylindrique qui reçoit la courroie. L'action de l'hélice se traduit par une poussée de l'arbre vers l'intérieur, et la force ascensionnelle s'inscrit en *o* (*fig*. 32). Les angles *gg* de l'aéroplane (*fig*. 36), sont rattachés par des fils au plateau d'acier *e* ; *bb* représente un support à quatre branches destiné à maintenir les extrémités des barres parallèles *c*, *c* ; et *d*, *d* représentent enfin les barres d'acier verticales auxquelles tous les systèmes en expérience étaient attachés.

Au cours des essais d'aéroplanes, on pouvait placer des poids en *e*, pour équilibrer la force ascensionnelle, et alors, en ajoutant le poids à la poussée de bas en haut de l'aéroplane, on obtenait la vraie force ascensionnelle. On pouvait aussi attacher un aéroplane en *e*, c'est-à-dire que la machine était capable de recevoir des aéroplanes superposés si cela était nécessaire.

Dans ces expériences j'admettais, bien entendu, que la position favorable pour une hélice était à l'arrière et dans le sillage de plus grande résistance de l'air; mais, comme certains expérimentateurs de ballons diri-

FIG. 37. — Installation du dynamomètre.

Afin de se rendre compte de la véritable puissance absorbée, à un moment donné, par la traction du propulseur, on disposait un frein sur l'hélice; on appliquait un poids, et le moteur était lancé à pleine vitesse. De cette façon on éliminait tous les facteurs incertains ou impossibles à connaître.

geables plaçaient l'hélice à l'avant, afin de faire tirer l'appareil au lieu de le faire pousser, je fis des expériences pour me rendre compte de la différence. A cette fin, j'enroulai une longue corde de 13 millimètres de diamètre tout autour de l'ensemble de l'appareil, en avant de l'hélice, de façon à former une masse irrégulière bien disposée pour présenter de la résistance à l'air. En mettant en marche le moteur, je fus assez surpris de voir combien ces cordes ralentissaient peu l'appareil. Il me parut que presque toute l'énergie dépensée pour la traction de ces cordes dans l'air était récupérée par l'hélice. J'ôtai alors l'hélice de droite, et lui substituai une hélice placée à gauche, de même pas et de mêmes dimensions (*fig.* 37 *a*). Je trouvai alors que le courant d'air de

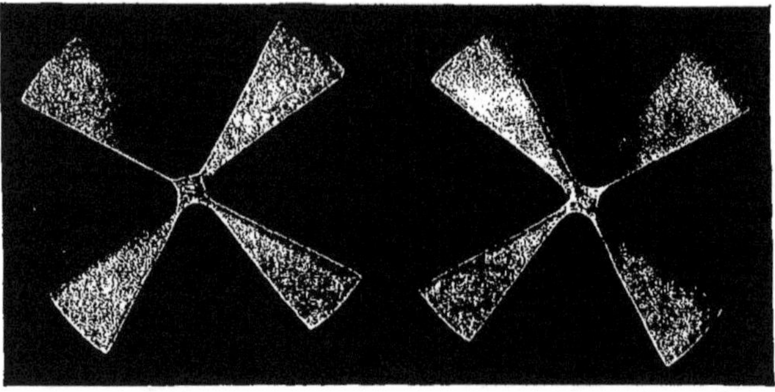

Fig. 37 *a*. — Hélices dextrorsum et sinistrorsum à quatre ailes, employées dans mes expériences pour comparer le rendement des hélices avant et des hélices arrière.

l'hélice soufflant contre l'enchevêtrement de cordes ralentissait l'appareil ; en fait, pour un même nombre de tours par minute, la vitesse tombait de 60 0/0. Je pensai que ces expériences démontraient qu'il n'y a qu'une place favorable pour l'hélice, à savoir à l'arrière et suivant la plus grande résistance atmosphérique.

La figure 38 montre un appareil original que j'avais construit primitivement pour mon usage personnel. Avec les anémomètres ordinaires, on est obligé de compter le nombre de tours par minute pour con-

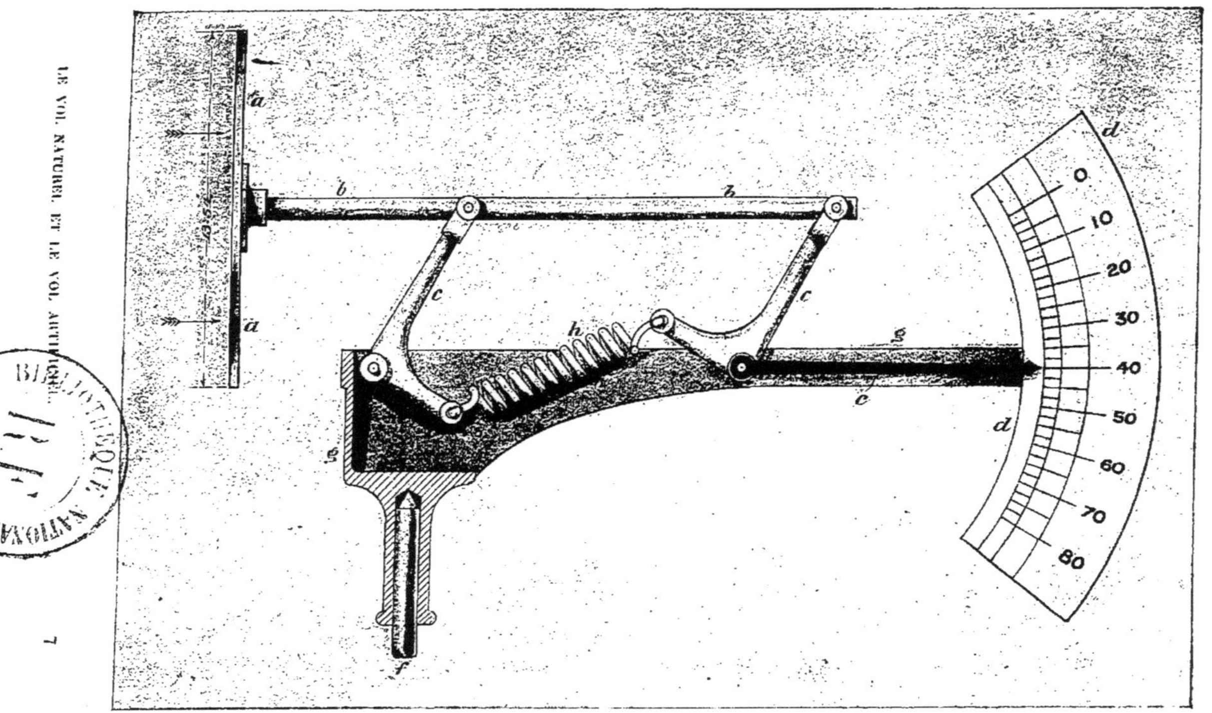

Fig. 38. — Appareil indiquant la force et la vitesse du vent directement, sans réglage ni calcul.

naître la vitesse du vent. Je n'avais rien qui pût m'indiquer la vitesse et la direction du vent sans chiffres ni calculs. Voilà pourquoi je construisis l'appareil représenté par le croquis, dans lequel *aa* est un disque métallique de 34 centimètres de diamètre, correspondant à une surface de 9^{dm^2},29 exactement. Il est fixé à une barre horizontale *b*, et l'ensemble est monté sur deux mouvements de sonnette, comme il est indiqué. Quand le vent ne souffle pas, les bras longs de ces deux leviers occupent une position verticale ; le ressort à boudin *h* suit exactement la ligne des pivots sur lesquels ces leviers sont montés, et n'a d'autre action que de maintenir les leviers verticaux. Comme le ressort est fort peu tendu dans cette position, et qu'il faut un déplacement notable pour lui donner une tension, les bras *cc* et la barre *bb* sont très faciles à pousser en arrière ; mais, quand la distance dont ils bougent s'accroît, l'angle du levier change et la tension du ressort croît en même temps, de sorte que, lorsque le disque est repoussé en arrière d'une façon notable, il se produit une résistance énergique. Si j'avais fait cet appareil de telle sorte que la pression agît directement sur le ressort, les graduations correspondant aux petites vitesses auraient été très rapprochées, tandis que celles qui correspondent aux grandes vitesses auraient été très espacées ; mais, avec le dispositif que je viens d'indiquer, les graduations étaient régulières et uniformes. L'indicateur étant très grand permettait de lire à une distance considérable, et en même temps il agissait comme une queue et protégeait l'appareil contre l'action du vent. Le secteur n'était pas divisé au compas ; chaque division correspondait à une traction réellement exercée sur la barre *b*, à l'aide d'une corde et d'une poulie avec un poids. Les chiffres inscrits n'étaient cependant pas corrects, parce que j'avais employé la formule de Haswell, suivant laquelle la pression exercée par le vent contre un plan normal est beaucoup plus grande que ne l'indique une formule récente dont l'exactitude est maintenant reconnue. Rapportée aux unités anglaises, la formule d'Haswell est :

$$P = 0{,}005V^2,$$

et la formule récente est :

$$P = 0{,}003V^2,$$

où P est la pression en livres par pied carré et V la vitesse en milles à l'heure[1]. Dans mes expériences, je me suis aussi servi d'un anémomètre Negretti et Zambra, très bien fait et très sensible.

EXPÉRIENCES DU PALAIS DE CRISTAL

M'étant pleinement convaincu que les aéroplanes volant sur un circuit de 60 mètres de circonférence avaient leur force ascensionnelle réduite dans une mesure notable par l'intervention continue de la même masse d'air, qui avait déjà reçu un mouvement vers le bas pendant les révolutions antérieures, je décidai de faire quelques expériences, en évitant cette perturba-

1. Dans le système métrique, la formule récente sera :

$$P' = 0{,}075V'^2,$$

P étant exprimé en kilogrammes par mètre carré V' en mètres par seconde. Cette formule résulte des expériences de la tour Eiffel.

tion ; mais l'occasion ne s'en présenta pas jusqu'à ce que le grand manège, improprement appelé « machine volante captive », fût installé au Palais de Cristal. Cette fois, l'occasion était bonne pour faire des expériences à très grande vitesse autour d'un très grand cercle.

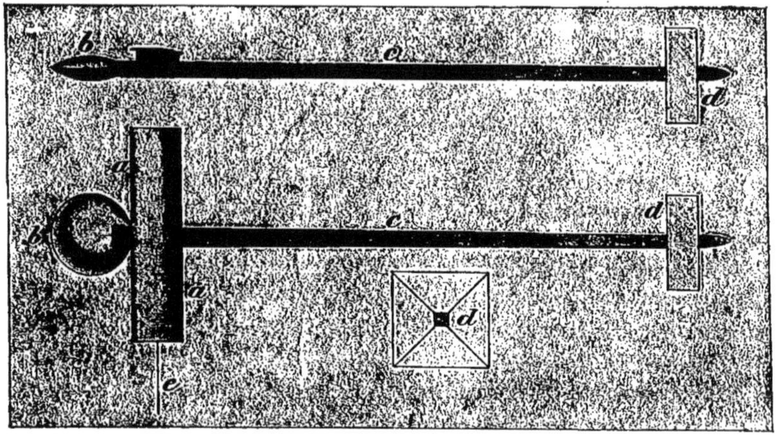

Fig. 39. — Appareil pour mesurer la force ascensionnelle d'aéroplanes peu inclinés et très rapides.

aa, l'aéroplane; *b*, contrepoids de plomb ; *c*, tige de bois de pin longue et mince ; *d*, queue maintenant l'appareil droit et lui assurant un trajet en ligne droite dans l'air ; *e*, point de suspension, et aussi centre de gravité. Quand cet appareil était lancé à 128 kilomètres à l'heure, il donnait une force ascensionnelle de 16 kilogrammes environ, soit environ 130 grammes par mètre carré.

Je ne veux rappeler que quelques-unes de ces expériences. Sur le prolongement d'un des longs bras, j'attachai une corde en fils d'acier fins à 18 mètres environ au-dessus de la plate-forme ; je fixai alors à cette corde le petit dispositif indiqué sur la figure 39 ; *a* représente un aéroplane de $1^m,50$ sur $0^m,53$, incliné à $\frac{1}{20}$. On avait eu grand soin, en préparant cet aéroplane, de voir s'il était bien exempt de défauts, bien poli et sans aucune irrégularité. Les deux bords étaient tranchants et la courbure avait une flèche d'environ 3 millimètres sur la face inférieure. Il était relativement épais vers le milieu, où il était attaché à la barre *c*, et plus mince aux extrémités; *b* est un morceau de plomb juste assez lourd pour équilibrer la barre *c* et la queue; *d* indique un cadre en bois léger, mais robuste, tous les bords étant minces, tranchants et recouverts d'une soie spéciale que M. Cody a reconnue comme étant la meilleure pour cet usage. La corde métallique *e* était fixée au long bras dont j'ai parlé. La grande longueur de la barre *c* et la précision avec laquelle l'ensemble était construit et équilibré avaient pour effet que l'aéroplane filait droit à travers l'air, cédant à l'action des courants ascendants. La machine étant lancée par une journée très calme, cet appareil monta jusqu'au niveau de son point de support, tantôt plus haut de 3 mètres ou davantage, tantôt de 2^{m},50 à 3 mètres plus bas. D'ailleurs, en règle générale, il portait son propre poids, lorsque la vitesse atteignait 128 kilomètres à l'heure autour d'un cercle de 300 mètres de circonférence. Dans ces conditions, il ne pouvait naturellement y avoir aucun mouvement de l'air vers le bas, car, entre deux passages, l'air remué avait eu le temps de s'éloigner. Je ne puis préciser exactement quelle force ascensionnelle effective donnait ce plan, parce que l'air était toujours en mouvement dans une certaine mesure, et ce n'était pas chose facile de reconnaître si l'appareil était au-dessus ou au-dessous de son point d'attache. Je suis cependant sûr que cette force atteignait 16 kilogrammes, soit sensiblement plus de 37 kilogrammes par mètre carré, et c'est juste la valeur qu'elle devait avoir, si nous considérons les résultats obtenus avec de petits aéroplanes placés dans un courant d'air de 64 kilomètres à l'heure sous le même angle.

Quand ces expériences furent achevées, je fis un très petit appareil qui n'offrait à la poussée qu'une surface de 2^{m2},32 environ, et qui portait le poids d'un homme, et, en fait, il vint quelques gentlemen de Londres qui se firent soulever par lui. Je leur dis, cependant, que c'était un exercice dangereux, parce que, si le vent venait à souffler un tant soit peu, l'appareil monterait bien au-dessus de son point de support en tournant contre le vent, pour retomber bien au-dessous de ce point quand il se trouverait ramené par la rotation dans la direction opposée; et, en réalité, une fois, l'appareil (*fig.* 39) monta sous l'action d'un grand vent à 6 mètres, largement au-dessus de son point de support, et redescendit avec un tel fracas de l'autre côté qu'il brisa ses cordes métalliques. A ce propos, il est intéressant de noter que, lorsque j'instituai la première machine dite « machine volante captive », sur mes propres terres de Thurlow Park, mon idée était que, au lieu des bateaux ordinaires tels qu'ils furent définitivement employés, chaque bateau fût spécialement muni d'un aéroplane; que le moteur serait de 200 HP, et que les passagers iraient réellement à travers l'air, chaque nacelle étant munie d'un moteur électrique puissant, indépendamment de la puissance motrice nécessaire à la rotation de l'arbre.

Si cela avait été exécuté suivant ma conception primitive, cet appareil serait sorti tout à fait de la catégorie des chevaux de bois vulgaires; mais il n'en fut pas ainsi. J'eus contre moi des circonstances imprévues. J'avais quelques-unes de ces nacelles à aéroplanes fonctionnant sur mes terres et deux ingénieurs du Conseil du comté de

Londres vinrent voir mon appareil avant qu'il fût mis en usage public. A cette occasion, le vent soufflait en tempête à 64 kilomètres à l'heure, et, comme les nacelles allaient à 56 kilomètres à l'heure, elles se trouvaient en somme exposées à un vent de 120 kilomètres quand elles allaient contre le vent, et à un vent de 84 kilomètres à l'heure quand elles passaient de l'autre côté du cercle. Les aéroplanes, bien que de dimensions considérables, étaient petits en regard de leur poids. J'avais omis de mettre un peu de lest dans les bateaux, et comme, tous trois, nous étudiions le trajet irrégulier que suivaient les bateaux, tout à coup un des bateaux, en passant contre le vent, monta bien au-dessus du point de suspension et plongea avec une grande violence de l'autre côté ; enfin, la secousse fut telle que tout résonna, mais rien ne fut brisé. Cependant les ingénieurs déclarèrent tout de suite qu'on ne pouvait pas établir des nacelles munies de ces aéroplanes : c'était trop dangereux. Et pourtant l'accident ne se serait pas produit si les bateaux avaient été lestés, ou si le vent avait été moins fort. Cela montrait d'ailleurs quelle effrayante force ascensionnelle on pouvait obtenir avec un bon aéroplane lancé à grande vitesse dans le vent, sous un angle faible. Ces aéroplanes n'avaient que $3^m,6$ sur $1^m,50$ environ, et par suite $5^{m2},40$ de surface. Néanmoins, ils étaient robustes, bien construits, et parfaitement lisses sur les deux faces, supérieure et inférieure. Je dirais bien ici que je n'ai pas de chance comme exhibitionniste : de longues années de contact avec les honnêtes gens m'ont absolument disqualifié pour ce métier.

J'avais un extrême désir de poursuivre mes expériences. J'appréciais pleinement le fait d'être arrivé à construire une machine qui soulevait 1 000 kilogrammes en sus de son propre poids, et je tenais pour absolument certain que, si je reprenais la question, en me débarrassant de ma chaudière et de mon réservoir d'eau, et en employant un moteur à combustion interne, tel que je pensais pouvoir le créer, le vol artificiel serait *un fait accompli*. J'avais déjà dépensé plus de 500 000 francs et je cherchais comment faire pour que cette entreprise se suffît à elle-même. Je crus que la soi-disant « machine volante captive » serait très populaire, et rapporterait quelques profits, et il en aurait été ainsi si la chose avait été exécutée conformément au projet primitif. Or, je me proposais d'employer ma part dans ces profits à expérimenter de vraies machines volantes. Je ne me trompais pas de beaucoup en croyant qu'une telle machine réussirait, témoin ce fait que, presque juste au même moment, un inventeur américain eut la même idée, exécuta quelques trois ou quatre machines la première année, et l'année d'après une cinquantaine. Elles rapportaient beaucoup et il y en a actuellement au moins cent quarante en service aux États-Unis. Il est certain que jamais rien, dans l'ordre des spectacles forains ou des attractions, n'a jamais eu le succès de ces machines aux États-Unis, et même la petite machine de Earl's Court fit 325 livres sterling 10 shellings en un jour et 7 500 livres sterling (188 500 francs) en une saison.

Au contraire, ce petit essai pour me tirer d'affaire me coûta au moins 10 400 livres sterling (260 000 francs), sans compter plus d'une année d'un très dur travail. Cette somme aurait été largement suffisante pour me permettre de continuer mes expériences jusqu'à ce que le succès fût assuré.

CHAPITRE VI

APERÇU SUR LA CONSTRUCTION DES MACHINES VOLANTES

I. — ORGANISATION DE L'APPAREIL VOLANT

Pour ceux qui veulent apprendre à construire une machine volante susceptible de voler après un très petit

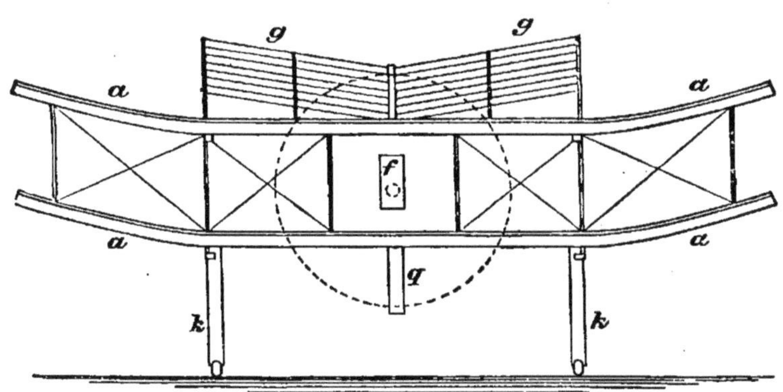

Fig. 40. — Vue de front de l'aéroplane.

a, a, les plans sustentateurs; *gg*, condenseur; *f*, moteur; *q*, garde-hélice; *k, k*, supports de roues.

nombre d'essais, j'ai donné une esquisse suffisamment explicite pour permettre à un dessinateur habile d'établir un projet; la figure 40 en représente une élévation vue par l'avant, la figure 41 une élévation de côté, et la figure 42 un plan.

Dans la figure 41, *a*, *a* représentent les deux plans sustentateurs d'avant, constituant le corps principal de l'aéroplane ; *b*, *b* sont les deux plans d'arrière, qui sont plus petits et plus courts ; *c*, le gouvernail de direction ; *d*, le gouvernail horizontal avant ; *e*, l'hélice ; *f*, le moteur ; *g*, le condenseur ou refroidisseur ; *h*, la commande de l'appareil de direction, *i* et *j*, des amortisseurs pneumatiques; *k* et *l* sont des roues attachées à des leviers articulés en *m* au bâti de la machine ; *q*, un bouclier de protection pour l'hélice.

On remarquera que le bâti est extrêmement long, et que, par suite, la distance entre les deux séries de plans sustentateurs est très grande ; mais il faut considérer que, plus long sera tout le système, moins il sera influencé par un changement de position quelconque du centre de poussée par rapport au centre de gravité. En outre, il est bien plus facile de manœuvrer une machine d'une grande longueur qu'une machine très courte, car on a plus de temps pour réfléchir et pour agir. Si la longueur était infiniment grande, la tendance à tomber serait infiniment petite. J'ai indiqué une commande de direction consistant en un levier dont la poignée est en *n* ; ce levier est disposé de manière à commander à la fois le gouvernail vertical *c* et le gouvernail horizontal *d*, de sorte que le conducteur de la machine n'a à penser à rien d'autre qu'à son levier *n*, *p*, qu'il doit maintenir dans la direction où il désire faire aller la machine. Ce levier est monté sur un joint universel en *h*, et relié par des fils appropriés aux deux gouvernails. Pour résister aux secousses au moment de l'atterrissage, il faut prévoir quelque chose de robuste et de souple en

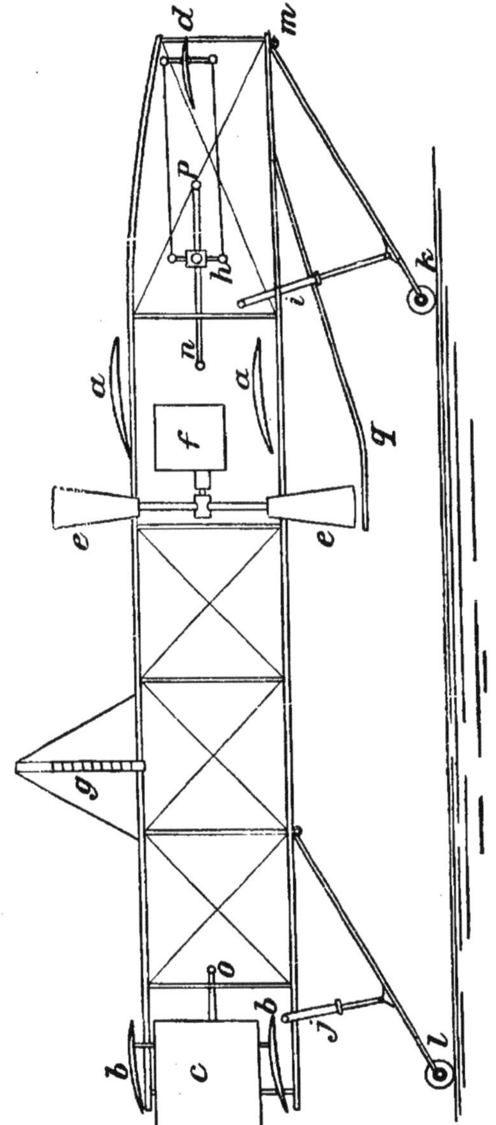

FIG. 41. — Vue de côté de la machine.

a, *a*, plans sustentateurs principaux : *b*, *b*, plans sustentateurs d'arrière : *c*, gouvernail vertical ; *d*, gouvernail horizontal avant ; *e*, hélice ; *f*, moteur ; *g*, condenseur ; *h*, appareil de commande ; *i* et *j*, amortisseurs pneumatiques ; *k* et *l*, roues ; *m*, point d'articulation du bras de la roue *k* sur la charpente principale ; *n*, poignée de l'appareil de commande.

même temps, qui permette de parcourir une distance considérable avant que l'appareil s'arrête complètement.

Dans les appareils que j'ai vus sur le continent, on emploie un système très perfectionné qui, non seule-

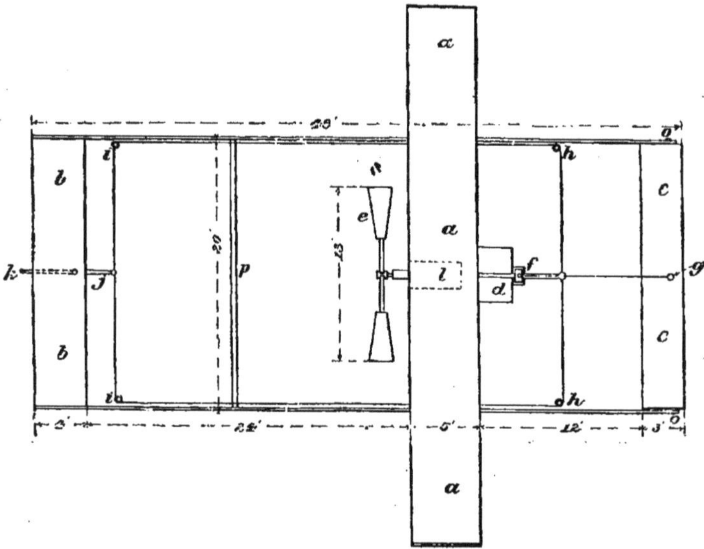

Fig. 42. — Plan de l'aéroplane.

a, a, les plans sustentateurs superposés du corps principal ; *b, b*, les sustentateurs superposés d'arrière ; *cc*, le gouvernail horizontal d'avant ; *d*, plate-forme ; *e*, hélice ; *h, h*, et *i, i*, poulies reliant l'appareil de commande *f* avec le gouvernail *j* ; *g*, levier fixé à l'aéroplane ou gouvernail *cc*, et relié à l'appareil de commande *f*.

ment est très lourd, mais encore offre une résistance considérable à l'air. Il comprend de nombreux tubes, de très longs leviers et de lourds ressorts à boudins, etc. Dans le système que je recommande, il n'y a rien de tout cela, et à la place, je propose quelque chose de bien plus simple, de bien moins coûteux, et de bien plus léger. En outre, l'appareil proposé procure une certaine force ascensionnelle. Les leviers *k*, *k*, auxquels sont fixées les roues, seraient en bois mince, léger, robuste, et d'environ 0^m,30 de long, solidement articulés au bâti et maintenus en position par un ressort pneumatique, en tube d'acier robuste et mince, comme l'indique la coupe (*fig*. 51). On peut comprimer l'air dans ces cylindres pneumatiques jusqu'à ce qu'ils supportent le poids de la machine, et alors, à l'atterrissage, la compression et l'échappement de l'air arrêtent le mouvement. Le condenseur *g* est placé de manière à agir même quand la machine repose sur le sol, les hélices étant en action.

Dans les aéroplanes continentaux, on emploie de très petites hélices de propulsion. Ces hélices ont probablement été fabriquées ainsi parce que les expérimentateurs ont trouvé qu'elles rencontraient une très forte résistance due au frottement de l'air; mais cet inconvénient est imputable à leur forme imparfaite et à la nervure d'acier qui se trouve sur l'envers des ailes. Pour user d'une hélice de si faible envergure, les expérimentateurs ont dû employer un moteur très rapide, par suite un cylindre très court, si bien que, pour obtenir la puissance nécessaire, ils sont obligés de grouper jusqu'à huit cylindres. Cependant, en accroissant le diamètre de l'hélice, et en lui donnant une forme qui supprime entièrement ou presque entièrement le frottement superficiel de l'air, on peut employer un moteur bien meilleur et moins coûteux, d'un type tout à fait différent. Il n'y a pas de raison pour employer plus de quatre cylindres; mais la course du piston et le diamètre du cylindre devraient être augmentés. Sans doute les expérimentateurs du continent ont dans l'idée que, le moteur ne pouvant être muni d'un volant, il doit avoir un très grand nombre de cylindres pour donner une force constante tout autour du cercle et ainsi éviter les « points morts »; mais, si nous considérons l'énorme vitesse périphérique de l'hélice, et si nous nous rappelons aussi que le moment est proportionnel au carré de la vitesse, il devient bien évident qu'il ne peut pas y avoir de ralentissement entre deux coups de piston, même si l'on n'emploie qu'un seul cylindre, fonctionnant d'après le principe du cycle à quatre temps, dans lequel il n'y a de travail produit qu'à un temps sur quatre. Dès lors je trouve que le poids de ces moteurs continentaux peut être grandement réduit, pourvu qu'on les construise aussi soigneusement que j'ai fait pour mes moteurs à vapeur.

Récemment il y a eu une grande discussion dans l'*Engineering* et dans d'autres journaux, sur les mérites comparatifs de l'aéroplane et de l'hélicoptère. Certains condamnent les deux systèmes et n'ont de confiance que dans le vol à ailes battantes. On a critiqué le rendement déplorable de l'hélice, et déclaré qu'il n'y a pas, dans toute la Nature, de poisson ni d'oiseau qui se meuve à l'aide d'une hélice. Puisque nous ne trouvons pas d'hélice dans la Nature, pourquoi en mettrions-nous sur nos machines volantes?

Pourquoi ne pas suivre la Nature?

Pour répondre à cette question, je dirai que la Nature même a ses limites, qu'elle ne peut pas dépasser. Comme on disait à un petit garçon que Dieu pouvait tout faire, il demanda : « Dieu pourrait-il faire en cinq minutes un veau de deux ans? » et, comme on lui répondait que Dieu le pouvait assurément : « mais, repartit l'enfant, le veau aurait-il deux ans? »

Il me semble qu'il n'y a rien dans la Nature qui soit plus efficace, ni qui donne plus de prise sur l'eau

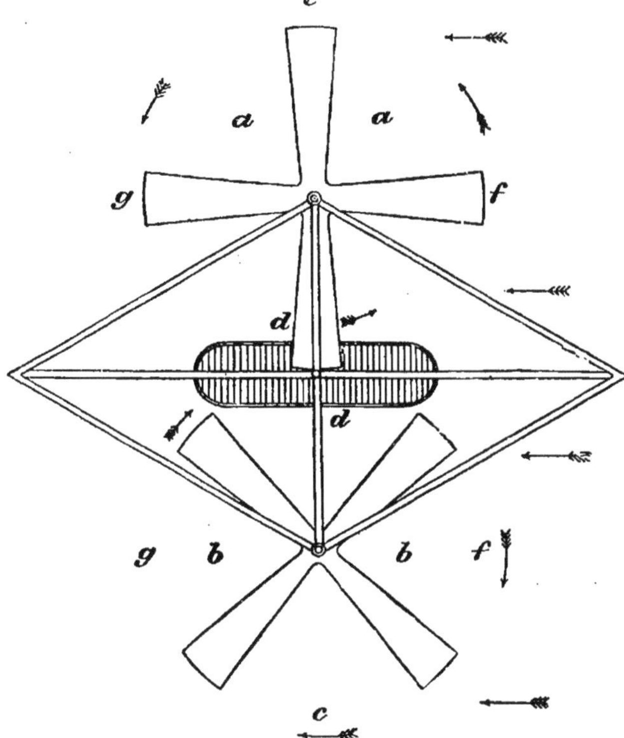

FIG. 43. — Plan d'une machine hélicopthère montrant la position respective des hélices.

Par suite de l'inclinaison de l'arbre en avant, les ailes font un angle nul en *cc*, mais un angle de 10° en *f*, tandis que dans la position moyenne leur inclinaison au-dessus de l'horizontale est 5°. Les flèches horizontales indiquent la direction du vent.

qu'une bonne hélice de propulsion, et sans doute il y aurait eu des poissons à hélice, si dame Nature avait fait des animaux en deux morceaux. Il est très évident qu'aucune créature vivante ne peut être en deux morceaux, et deux morceaux sont nécessaires si une partie doit être immobile et si l'autre doit tourner; d'ailleurs, les queues et les nageoires agissent très souvent d'une manière analogue à des ailes d'hélice; elles tournent d'abord à droite, puis à gauche, d'où un effet de godille qui est sensiblement le même que celui d'une hélice.

On peut condamner également les locomotives avec cet argument. Dans toute la Nature nous ne voyons pas un seul animal progresser sur roues, mais il serait parfaitement possible de faire une locomotive à pattes qui irait à deux ou trois milles à l'heure; tandis que les locomotives à roues peuvent aller au moins trois fois plus vite que le plus rapide des animaux à pattes, et continuer ainsi pendant plusieurs heures de suite, même en traînant un poids très lourd.

Afin de construire une machine volante à ailes battantes, à l'image exacte des oiseaux, on aurait employé un système très compliqué de leviers, de cames, de manivelles, etc., dont le poids dépasserait à lui seul la charge que les ailes seraient capables de porter. D'ailleurs, on peut parfaitement se rapprocher sensiblement du mouvement d'ailes de l'oiseau, sans pièces à mouvement alternatif ni oscillant, et sans aucune espèce de battement.

La figure 43 donne le plan d'une machine hélicoptère dans laquelle on emploie deux hélices tournant dans des sens différents, *aa* étant l'hélice de bâbord; *bb*, l'hélice de tribord, et *dd*, la plate-forme pour les machines et le conducteur. Les hélices ont environ 6 mètres de diamètre et sont en bois.

Supposons maintenant que le pas de ces hélices soit tel que les extrémités des ailes aient une inclinaison de 5°; si nous inclinons l'arbre vers l'avant dans la direction du vol jusqu'à concurrence de 5°, nous aurons absolument annulé l'inclinaison des ailes en *b* (*fig.* 44), tandis qu'on peut remarquer que le pas se trouvera, par rapport à l'horizontale, augmenté jusqu'à 10° en *a* sur la face externe, et restera invariable en *c* et *d*. Si la vitesse périphérique des ailes est, par exemple, égale à quatre fois la vitesse à laquelle la machine doit mar-

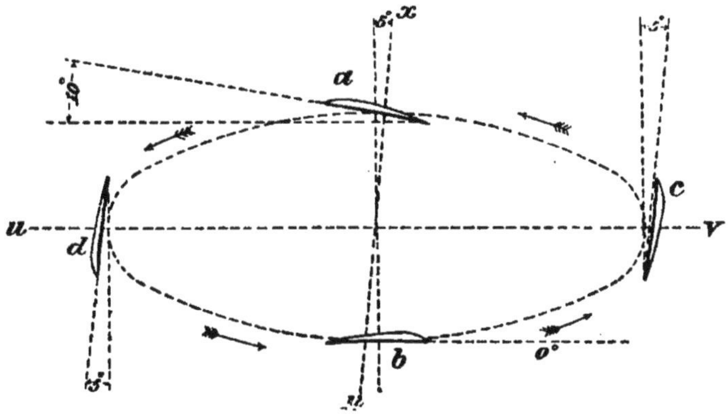

Fig. 44. — Position des ailes d'un hélicoptère quand elles tournent en cercle, dans le cas où l'inclinaison de l'arbre est égale à celle des ailes.

cher, les ailes auront une bonne prise sur l'air en *c* et *d*; mais quand elles vont vers l'avant, à l'encontre de l'air qui se meut à grande vitesse dans le sens opposé, elles prennent la position indiquée en *b*. Si le pas des ailes d'hélice était légèrement supérieur à l'angle de l'arbre, les ailes en *b* donneraient de plus une force ascensionnelle, et, comme elles coupent l'air avec une vitesse extrêmement grande, cette force ascensionnelle serait considérable, même si l'inclinaison n'était pas de plus de $\frac{1}{40}$. En suivant le trajet des extrémités des ailes, et en notant leur position lorsqu'elles décrivent une circonférence complète (*fig.* 44), on observera que leur mouvement rappelle de très près celui des ailes d'oiseau.

Je suis convaincu qu'une machine convenablement exécutée sur ce plan fonctionnerait d'une manière très satisfaisante ; mais il ne faudrait pas perdre de vue que, même avec une machine de ce type, bien conçue et assez légère pour se soutenir en l'air pendant le vol, il faudrait la lancer avec un grand élan pour lui donner la prise nécessaire sur l'air. Au départ de la machine, dans un appareil de ce genre, il se produirait un courant d'air descendant très énergique, et toute la puissance du moteur serait employée à soutenir ce courant; mais si la machine donnait en même temps, en avant, une rapide impulsion, assez grande pour mettre les ailes en contact avec de l'air neuf, dont l'inertie n'aurait pas encore été troublée, et qui ne chasserait pas vers le sol, la force ascensionnelle serait assez accrue pour soulever la machine de terre. Le système fonctionnerait donc tout à fait comme un aéroplane.

Il serait aussi possible de prévoir une troisième hélice de moindres dimensions et de moindre vitesse de rotation, pour faire avancer la machine, de façon à n'avoir pas à donner aux arbres une si forte inclinaison.

Comme on l'a établi plus haut, il faut apporter un grand soin dans le projet et dans la confection du bâti des machines volantes, et il ne faut rien épargner pour arriver au plus haut degré de légèreté, sans trop diminuer la robustesse ; de plus il faut considérer l'élasticité. Si nous employons un tube mince, tout le métal est à la surface, loin de l'axe neutre, et on a ainsi une grande rigidité ; mais un tel tube ne peut pas résister à la flexion comme un morceau de bois ; en outre, le bois est meilleur marché que l'acier, et en cas d'accident, les réparations sont très rapides et très faciles. Le bois cependant ne peut être obtenu sans tare aucune sur de grandes longueurs. C'est pourquoi il devient nécessaire de choisir, pour faire ces longs organes des machines volantes, le bois le plus convenable.

La valeur relative des différentes espèces de bois est indiquée sur le tableau ci-dessous, et on observera que certaines essences conviennent beaucoup mieux que d'autres au but qu'on se propose. La vraie valeur d'un bois à employer dans une machine volante ne s'apprécie bien qu'en comparant sa résistance avec sa densité — le meilleur bois, c'est celui qui est le plus robuste à poids égal.

	RÉSISTANCE EN KILOGRAMMES PAR CENTIMÈTRE CARRÉ	POIDS SPÉCIFIQUE EN KILOGRAMMES PAR MÈTRE CUBE	VALEUR RELATIVE DE LA RÉSISTANCE PAR RAPPORT AU POIDS SPÉCIFIQUE
Aulne	...	840	...
Pommier	...	834	...
Frêne anglais	1 160	878	13,1
— blanc	1 020	723	13,0
Bambou	458	420	11,2
Hêtre anglais	835	895	9,3
Bouleau	1 090	756	14,4
Buis africain	1 670	...	...
— français	...	1 393	...
Cèdre américain	842	590	14,3
Sapin de Christiania	900	...	...
Ebène	1 960	1 395	14,0
Orme	436	598	17,3
Orme (Elur rock)	945	840	11,2
Sapin de Norvège	...	537	...
— de Dantzig	...	611	...
Hackmatack	870	622	14,0
Noyer d'Amérique	800	832	8,7

	RÉSISTANCE EN KILOGRAMMES PAR CENTIMÈTRE CARRÉ	POIDS SPÉCIFIQUE EN KILOGRAMMES PAR MÈTRE CUBE	VALEUR RELATIVE DE LA RÉSISTANCE PAR RAPPORT AU POIDS SPÉCIFIQUE
Bois de fer	...	1 040	...
Genévrier	...	611	...
Bois de lance	1 670	756	22,1
Lignum vitæ (Amérique du Sud)	855	1 400	6,1
Tilleul	...	845	...
Caroubier	1 490	764	19,5
Acajou de Honduras	1 530	587	25,9
Acajou d'Espagne	870	895	9,7
Erable	...	788	...
Chêne africain	690	864	7,9
— canadien	...	915	...
— de Dantzig	305	797	3,8
— anglais	550	900	6,1
— ardent	1 190	1 122	10,6
Chêne de Pensylvanie séché	1 475	...	...
Chêne blanc	1 200	903	13,2
— de Virginie	1 840	...	...
Pin de Norvège	1 015	777	13,0
Pitchpin	...	694	...
Pin rouge	945	619	15,2
— blanc	856	583	14,7
— jaune	945	484	19,5
— de Virginie	1395	...	...
Peuplier	510	403	12,6
— blanc	...	557	...
Bois rouge de Californie	786	...	...
Sapin	900	525	17,1
Sycomore	945	654	14,4
Tamarack (mélèze noir d'Amérique)	...	403	...
Teck africain	1 525	1 028	14,8
— indien	1 090	690	15,7
Noyer	...	705	...
— noir	1 210	525	23,0
— du Michigan	1 270	...	...
Saule	945	614	15,7

On voit que l'acajou du Honduras devrait occuper la

tête de la liste, si elle était dressée dans l'ordre des

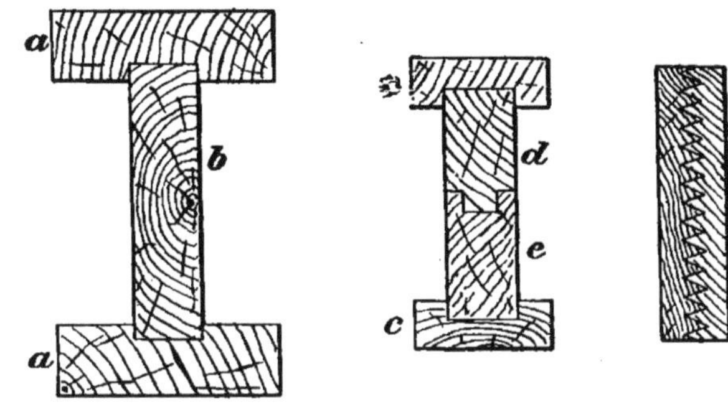

Fig. 45. — Montage et construction d'organes en bois.

Quand ils doivent être courbés et garder leur forme, il faut leur donner la courbure au moment où on les colle ensemble, et les assembler au milieu comme il est indiqué en *d*.

résistances spécifiques (rapportées au kilogramme de matière), mais le pin blanc d'Amérique est aussi très bon

Fig. 46. — Coupe transversale des étais.

pour certains usages, car il est léger, robuste, facile à obtenir, et prend tout à fait bien la colle forte.

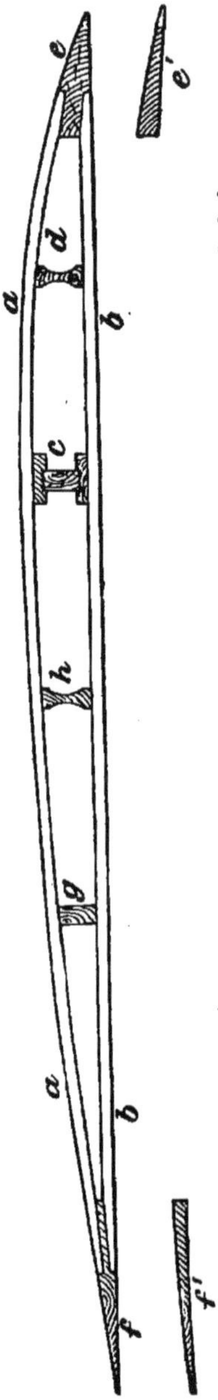

Fig. 47. — Armatures à employer dans les machines volantes munies d'aéroplanes de 6 à 8 pieds de large.

Dans la figure 45, je montre un bon procédé pour fabriquer les pièces longues nécessaires aux machines volantes. J'admets bien que ce procédé est assez coûteux, à cause de la fabrication et du montage des assemblages que j'indique; mais, une fois que les organes sont faits, ils sont extrêmement forts et rigides.

La figure 46 donne des profils de montants qui peuvent se faire soit en acajou de Honduras à fibres droites, soit en bois de lance; l'un et l'autre conviennent parfaitement, parce que leur solidité et la rectitude de leurs fibres permettent de donner aux étais la forme et les dimensions les plus avantageuses au point de vue de la résistance de l'air.

La charpente de l'aéroplane offrira une grande résistance à la traction dans l'air, si elle est soigneusement étudiée. Supposons que les membrures servant d'armatures inférieures (*fig.* 47) soient droites, tandis que les membrures supérieures seraient courbées comme l'indique la figure; quelle que soit la tension de la toile, la pression de l'air la soulèvera et la gonflera entre les différentes membrures armées, de sorte qu'elle présentera presque exactement la courbure qui est nécessaire pour obtenir la force ascensionnelle maxima, sans offrir trop de résistance à l'air ; cependant on ne doit jamais oublier que l'air court sur les deux faces de l'aéroplane.

Quand l'aéroplane est très épais en son milieu et aminci sur les bords (*fig.* 48), et que sa face inférieure est horizontale, il a une force ascensionnelle très nette, quel que soit son chemin à travers l'air. Ceci ne vient pas de ce que la face inférieure crée d'elle-même de la force ascensionnelle, mais de ce que l'air courant sur la

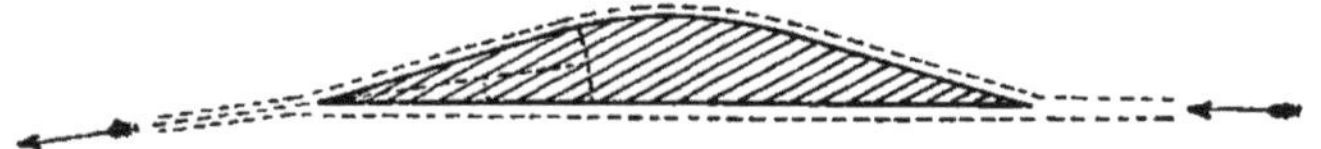

FIG. 48. — Aéroplane paradoxal, qui s'élève quelle que soit la direction de son mouvement.

face supérieure suit la surface. L'aéroplane au début rencontre de l'air qui est absolument immobile. Cet air est d'abord chassé vers le haut légèrement ; mais il faut aussi qu'il suive la pente vers le bord arrière de l'aéroplane, de sorte que, lorsqu'il abandonne la surface de l'aéroplane il a acquis une vitesse très nette vers le bas ; par conséquent l'air qui passe au-dessus de la face supérieure, au lieu de passer au-dessous de la face inférieure, produit une poussée ascendante, ce qui montre bien qu'il faut considérer dans un aéroplane la face supérieure autant que la face inférieure. La première ne doit donc pas présenter de rugosités.

Le dessus, aussi bien que le dessous, doit être également recouvert d'une substance légère, si l'on cherche à obtenir les meilleurs résultats possibles.

Dans un autre chapitre, j'ai montré une forme d'a

roplane recouvert d'étoffe, construit par moi-même, que la pression de l'air ne tordait nullement, et qui donnait juste d'aussi bons effets que s'il avait été soigneusement taillé dans une pièce de bois.

Plus d'une fois lord Kelvin vint me voir; il disait que mon atelier était un parfait musée d'inventions. Au Congrès de l'Association britannique pour l'avancement de la science, tenu à Oxford sous la présidence de lord Salisbury, j'eus la grande satisfaction d'entendre lord Kelvin dire qu'il avait examiné mon œuvre et qu'elle lui semblait magnifiquement conçue et splendidement exécutée. En somme il me faisait de grands compliments. Pendant ses visites, il disait que la chose la plus ingénieuse qu'il eût vue était le procédé que j'avais employé pour empêcher la torsion de mes aéroplanes dans l'air. Il en parla à différentes reprises avec grande admiration, et je pense que si l'on doit jamais se servir d'un aéroplane recouvert d'étoffe, c'est mon dispositif qui s'imposera comme le meilleur.

II. — DES MOTEURS

Au sujet des moteurs actuellement en usage, je pense qu'il y a encore place pour un grand nombre de perfectionnements, dans le sens de la légèreté, du rendement et de la sécurité. A l'heure actuelle, les moteurs de machines volantes ont des cylindres si petits, la rotation est si rapide, et les appareils de refroidissement si imparfaits, que le moteur est bien vite porté à une haute température ; et alors son rendement diminue, paraît-il, de 40 ou 50 0/0, quelques-uns disent

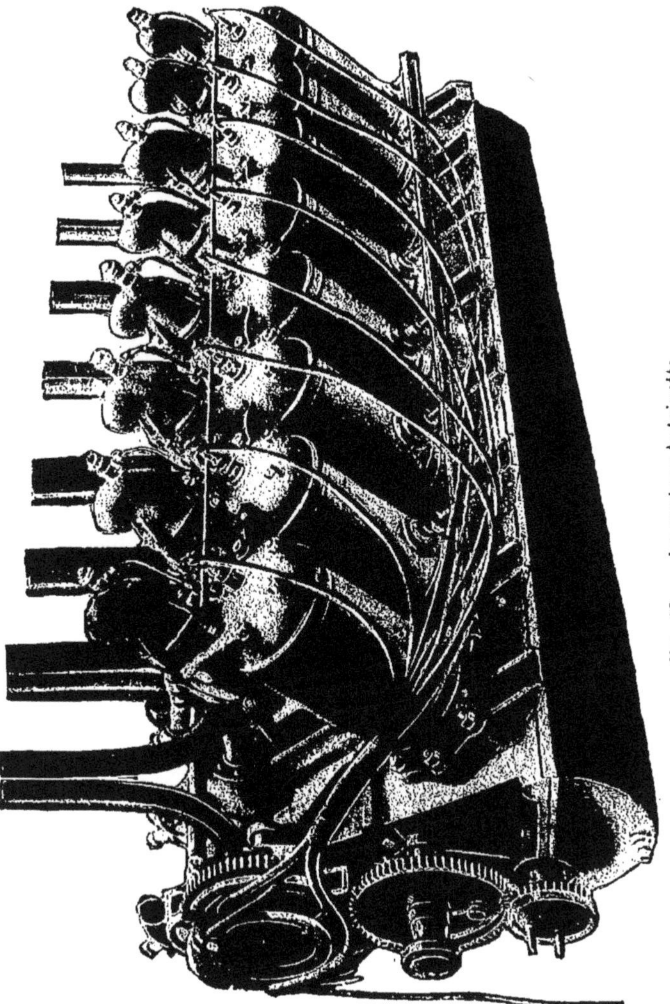

FIG. 49. — Le moteur Antoinette.

même de 60 0/0. Ceci vient probablement de la haute température du cylindre, du piston et de l'admission d'air. La chaleur dilate l'air à son arrivée, de sorte que le poids d'air réellement contenu par le cylindre se trouve considérablement réduit, et la puissance du moteur aussi, dans une mesure correspondante.

Il n'est pas difficile de refroidir le moteur ; et on

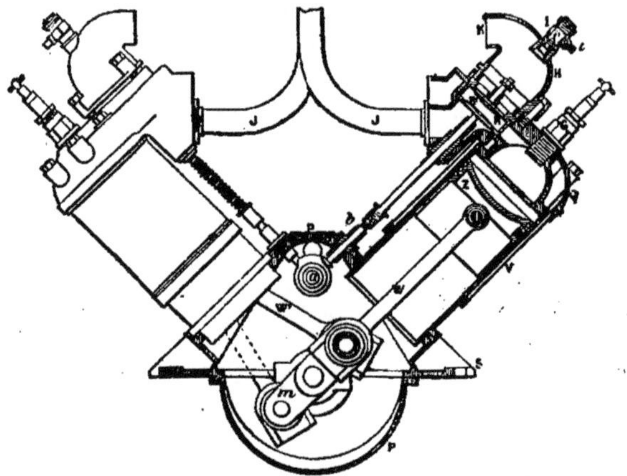

Fig. 50. — Coupe montrant le moteur Antoinette, tel qu'il est employé dans les machines de Farman et Delagrange.

peut faire un condenseur de grand rendement qui refroidira parfaitement l'eau, et en même temps, déterminera une force ascensionnelle bien supérieure à son propre poids. Toutes les conditions sont favorables pour l'emploi d'un condenseur aérien très efficace, tel que celui des figures 30 et 31.

L'eau peut être considérée comme ayant 2 400 fois la puissance de condensation de l'air, à volume égal. Quand il s'agit d'un condenseur à eau, on peut rassembler dans une chambre un grand nombre de petits tubes très rapprochés, l'eau étant groupée à un bout de la chambre et s'écoulant à l'autre bout, par des orifices relativement étroits; mais, quand on veut employer l'air, les tubes ou surfaces de condensation doivent être très espacés, de façon à rencontrer une grande quantité d'air, et l'air qui a frappé un tube et s'est échauffé à son contact ne doit jamais toucher un autre tube (voir *fig.* 30 et 31 et aussi l'Appendice).

III. — ACCESSOIRES DIVERS

La figure 51 montre un cylindre pneumatique que j'ai conçu; *a* est un tube d'acier soigneusement poli à l'intérieur; *e*, un tube de communication avec la pompe à air, qui est du genre employé pour les bicyclettes; *c*, un teton auquel est fixée une petite poire très mince en caoutchouc; *d*, un piston rendu imperméable à l'air par une rondelle de cuir; *f*, l'articulation du levier qui porte les roues sur lesquelles la machine roule sur le sol ou sur les rails. Quand la machine est à l'état de repos sur le sol, la tige du piston *d* est sortie de toute sa longueur et supporte le poids de la machine, la pression étant alors d'environ 23 kilogrammes par centimètre carré. Quand, au contraire, la machine atter-

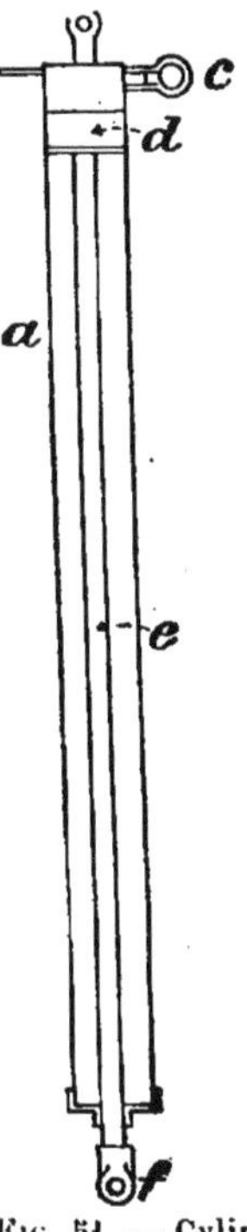

FIG. 51. — Cylindre pneumatique.

a, cylindre; *e*, communication avec la pompe à air; *c*, échappement de l'air, recouvert d'un petit ballon de caoutchouc calculé pour éclater sous 23 kilogrammes de pression par centimètre carré environ; *d*, le piston.

rit avec violence, le piston est poussé à l'intérieur, comprimant l'air, et, lorsqu'il a parcouru, environ, la moitié de sa course, la pression de l'air est montée à 23 kilogrammes par centimètre carré.

A ce moment, la poire de caoutchouc *c* doit crever et permettre à l'air de s'échapper sous une forte pression. En s'échappant par un trou relativement étroit, l'air absorbe la force vive de la descente et amène la machine à l'état de repos sans secousse destructive. Il faut, bien entendu, que l'aviateur choisisse pour effectuer sa descente un champ assez plat dans la campagne. Il s'approche aussi près du sol que possible, en marchant contre le vent et en ralentissant sa machine ; au moment d'atterrir, il relève l'extrémité avant, afin de ralentir le mouvement et de toucher terre pendant qu'il va encore contre le vent avec une vitesse appréciable.

IV. — ÉQUILIBRE AU MOYEN DU GYROSCOPE

Si tous ces points sont étudiés et que l'exécution soit bonne, l'atterrissage offrira très peu de danger ; en outre, l'aéroplane *bb* et le gouvernail avant *d* doivent être disposés de telle sorte que, en cas d'accident, leurs faces externes puissent être instantanément relevées vers le haut, de façon à empêcher la machine de plonger et à la maintenir horizontale pendant que le moteur ne marche pas.

Un vaisseau, sur la mer, n'a besoin d'être gouverné que dans un plan horizontal ; l'eau sur laquelle il flotte assure sa stabilité sur la verticale ; mais, quand une machine volante est lancée dans l'air, elle a besoin d'être gouvernée dans les deux sens, verticalement et horizontalement. En outre elle rencontre constamment des courants d'air, qui sont bien plus rapides que ne sont jamais les courants marins.

Il est donc évident que, pour l'équilibre sur la verticale, il faut un gouvernail automatique. D'aucuns ont suggéré l'emploi d'un poids mobile, le déplacement d'une masse de mercure, un balancement pendulaire; mais tout cela ne vaut rien, à cause de la soudaineté des influences qu'il s'agit de combattre. On ne peut se servir de pendules à bord d'un navire; il en est de même pour un navire aérien. Mais nous avons un autre moyen à notre disposition, grâce au gyroscope.

Quand on fait tourner un gyroscope avec une très grande vitesse autour d'un axe vertical, le point de suspension étant situé très au-dessus du centre de gyration, il a tendance à conserver son axe de rotation vertical; en déplaçant horizontalement ou en faisant osciller son point de suspension, on ne réussira pas à lui faire prendre un mouvement oscillatoire à la manière d'un pendule.

On peut donc employer le gyroscope pour maintenir l'équilibre d'un vaisseau aérien. Dans un appareil de direction mû à la vapeur, comme on en emploie à bord des navires marins, il ne suffit pas d'appliquer la puissance de la vapeur à mouvoir les gouvernails, il faut encore que, par un dispositif quelconque, le mouvement du gouvernail puisse fermer l'admission, sinon le gouvernail pourra continuer à tourner après que l'effet aura été produit, et finalement pourra se briser; il en est de même pour la direction d'une machine volante dans le sens vertical. Lorsque les gouvernails d'avant et d'arrière ont répondu à l'action du gyroscope et se sont mis en mouvement, ils doivent aussitôt commencer d'eux-mêmes à supprimer la force qui détermine leur action, sinon ils continueraient à tourner.

Dans la photographie (*fig.* 52), j'ai montré un appareil que j'ai construit dans ce but à Baldwyn's Park. On remarquera que le gyroscope est enfermé dans une caisse métallique; une vis tangente, juste au-dessus de la caisse, fait tourner une aiguille mobile autour d'un

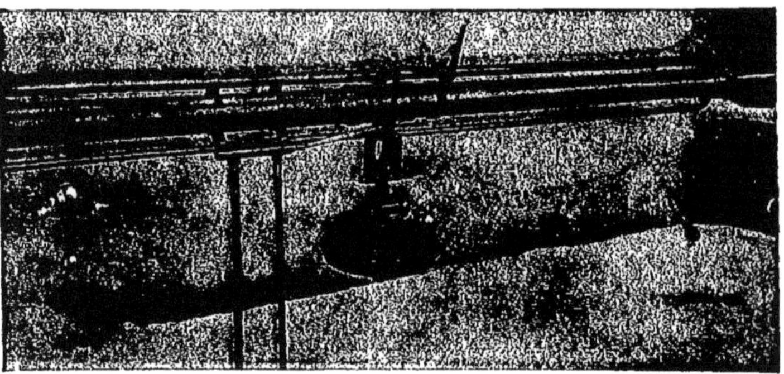

FIG. 52. — Gyroscope pour la commande des gouvernails horizontaux d'avant et d'arrière, de manière à maintenir l'appareil horizontal pendant le vol.

petit disque, qui indique la vitesse du gyroscope. La vapeur arrive par un joint universel, descend par l'arbre et s'échappe par une série de petits orifices placés tangentiellement, de façon à faire tourner la roue à la manière d'un moulin de Barker. L'enveloppe de la roue est extrêmement légère par rapport à celle-ci, de sorte que, le gyroscope étant lancé et tournant autour d'un axe vertical, on peut incliner le reste de l'appareil dans une direction quelconque sans que le gyroscope et ses supports cessent d'avoir leur axe ver-

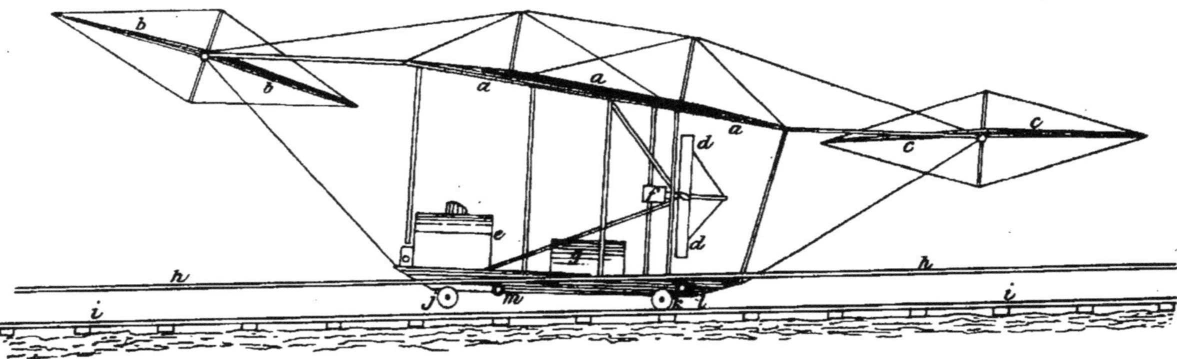

Fig. 53.

A fin d'amener la force ascensionnelle à agir juste au-dessus du centre de gravité, et afin d'éprouver l'action de mes gouvernails horizontaux d'avant et d'arrière, je lançais la machine sur un rail d'acier *ii*, et réglais mes poids et mes plans sustentateurs de façon à ce que, lorsque la machine allait à 48 kilomètres à l'heure sur la voie, les gouvernails ayant la disposition indiquée, la roue avant *j*, qui quittait le rail d'acier, et la petite roue *m*, vinssent en contact avec la voie supérieure *h*. Quand le gouvernail *bb* est en cette position, il produit une poussée ascendante énergique, tandis que le gouvernail *cc* n'en produit pas du tout.

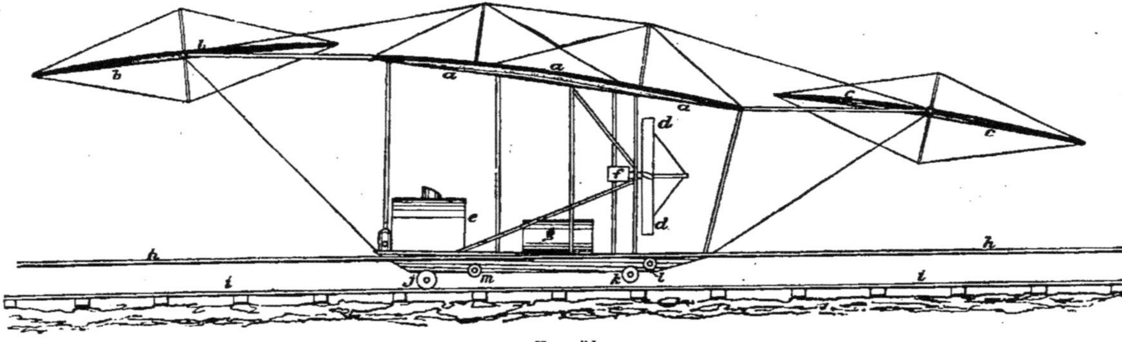

FIG. 54.

Cette figure montre les gouvernails placés de telle façon que *bb* ne donne aucune force ascensionnelle, tandis que *c* est placé sous un angle tel qu'il fournit une énergique poussée ascendante, due surtout à ce qu'il reçoit le souffle des hélices *dd*. Avec les gouvernails dans cette position, et pour une vitesse de 48 kilomètres à l'heure, je pouvais faire quitter les rails d'acier aux roues postérieures *kk*, et amener la petite roue *l* au contact de la voie supérieure *h*. Ces expériences montraient que la machine pouvait être inclinée dans les deux sens en changeant la position des gouvernails.

tical. Le gyroscope et ses attaches sont suspendus à un long tube d'acier constituant en réalité un cylindre à vapeur. Le raccord qui soutient le gyroscope se meut librement dans le sens longitudinal, et tout l'ensemble est maintenu en position par une triple bague serrée par des boulons sur le petit arbre tubulaire disposé au-dessus du cylindre.

La vapeur arrive par une soupape commandée au moyen d'une sorte de mouvement à coulisse, comme il est indiqué. La tige du piston va d'un bout à l'autre du cylindre et commande à son tour les gouvernails par l'intermédiaire d'un petit câble, la course du piston étant de $2^{m},40$ environ. A l'extrémité du cylindre (en dehors de la figure), la tige du piston est munie d'un bras et d'une douille qui saisit le petit tube supérieur, lequel est muni d'un long ressort spiral, en sorte que, lorsque le piston se déplace, le petit tube supérieur tourne, en faisant glisser le support du gyroscope et en changeant sa position par rapport à la soupape. On voit donc que l'effet est le même qu'avec un appareil de direction à vapeur tel qu'on l'emploie sur un navire. A droite, sur la gravure, on aperçoit une petite vis de réglage. Le bras du renvoi de sonnette qui est dirigé vers le haut sert à fixer les manettes en bois qui permettent de déplacer instantanément la tige de connexion, de manière que le piston à vapeur entraîne les gouvernails dans la position indiquée (*fig*. 56).

Je copie le passage suivant d'une description de cet appareil, que j'écrivis à cette époque :

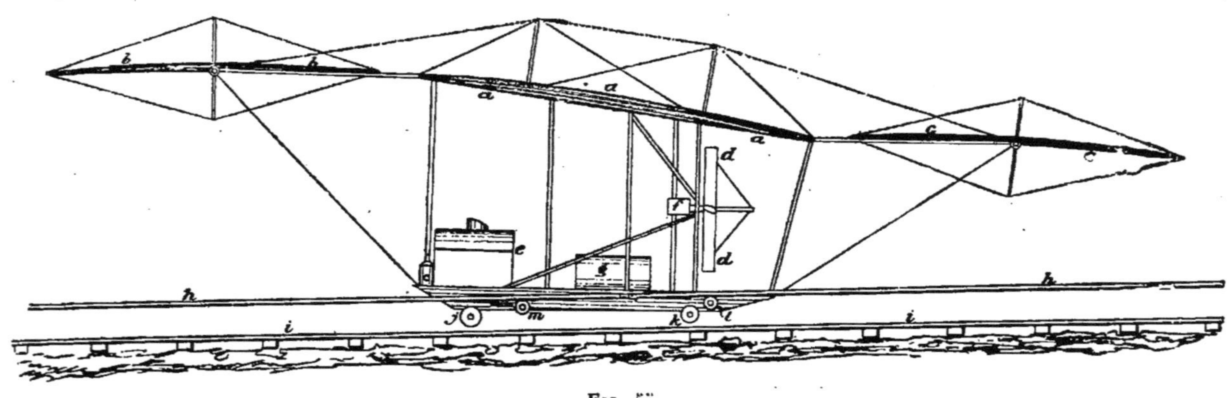

Fig. 55.

Quand les gouvernails avaient la position indiquée ci-dessus et que la machine roulait sur le rail à la vitesse de 64 kilomètres à l'heure, son poids total était soulevé de dessus les roues j et k; et les deux petites roues m et l venaient au contact de la voie supérieure.

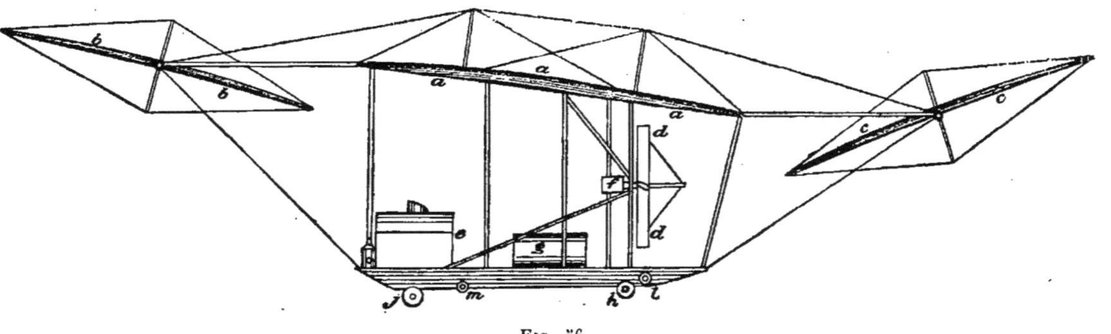

Fig. 56.

En cas d'avarie ou d'arrêt du moteur pendant le vol, il est nécessaire de placer les gouvernails dans la position indiquée, afin de prévenir la chute sur le sol. Quand les gouvernails sont dans cette position, une chute rapide et désastreuse devient impossible, la machine étant maintenue horizontale pendant la descente.

APPAREIL GYROSCOPIQUE POUR L'ÉQUILIBRE AUTOMATIQUE DANS LE SENS VERTICAL

« Cet appareil consiste en un long cylindre à vapeur, muni d'un piston dont la tige dépasse le cylindre à ses deux extrémités. Les commandes des gouvernails d'avant et d'arrière sont fixées aux deux bouts de cette tige, et la vapeur arrive par un tiroir équilibré.

Le gyroscope est enfermé dans une enveloppe en bronze et est mis en mouvement par un jet de vapeur entrant par les tourillons. Quand le gyroscope tourne à grande vitesse, l'enveloppe est raidie et il devient très difficile de l'écarter de la verticale. Si tout le système se cabre ou plonge, le cylindre et le tiroir suivent le mouvement de l'appareil, alors que le gyroscope reste dans la position verticale, ce qui oblige le tiroir à vapeur à se mouvoir de manière à permettre l'admission de la vapeur dans le cylindre, en poussant le piston dans la direction qui convient pour ramener l'appareil dans sa position normale. Pendant que les gouvernails d'avant et d'arrière sont mis en mouvement, le long arbre tubulaire situé immédiatement au-dessus du cylindre à vapeur est forcé de tourner de telle façon que le système gyroscopique se déplace dans le sens convenable pour régler l'admission de la vapeur.

« L'appareil peut être construit de manière à assurer l'équilibre pour un angle quelconque, en réglant la vis qui détermine elle-même la position de l'arbre tubulaire. La coulisse qui est fixée à l'extrémité de la tige de commande du tiroir, est appuyée sur un renvoi de sonnette, et quand l'appareil marche en avant, le levier du renvoi occupe la position indiquée sur la photographie (*fig.* 52) ; mais si tout le système et le moteur s'arrêtent, le levier du renvoi peut être déplacé de telle sorte que la tige de commande est rejetée en dessous du centre, et alors la vapeur poussera le piston dans le sens qui convient pour ramener les deux gouvernails dans la position de chute, comme le montre la figure 56. »

V. — DE LA STABILITÉ DES AÉROPLANES

Il est arrivé aux expérimentateurs bien des accidents, souvent mortels, parce qu'ils ne comprenaient pas les lois simples qui régissent l'équilibre ou la stabilité des corps dans l'air. Si une machine à plans superposés, du type Wright, figurée en *a* (*fig.*56 *bis*), avait son centre de gravité exactement au milieu des deux aéroplanes, elle n'aurait pas de stabilité transversale et ne se maintiendrait pas droite dans l'air. Si, au contraire, son centre de gravité était situé notablement au-dessous de son centre de poussée, elle aurait certainement tendance à rester droite ; mais, même dans ce cas, la machine ne serait pas sûre, à moins que la distance verticale entre les deux centres ne fut très considérable. Les frères Wright ont muni leurs machines d'un dispositif qui leur permet de modifier la position des extrémités de leurs plans, c'est-à-dire que, si leur machine penche à gauche, ils agissent sur un levier dans le sens convenable pour augmenter l'inclinaison du côté gauche de la machine, ce qui augmente la poussée ascensionnelle de ce côté et la diminue de l'autre. De la sorte, ils peuvent, par la simple manœuvre d'un levier, empê-

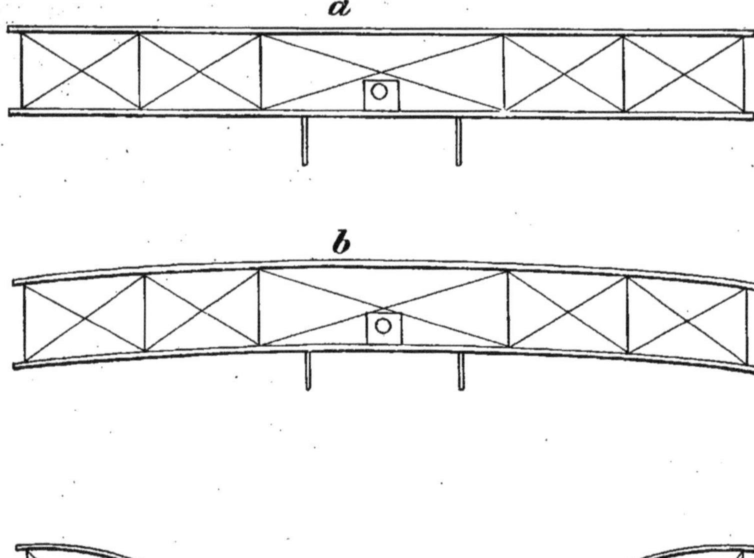

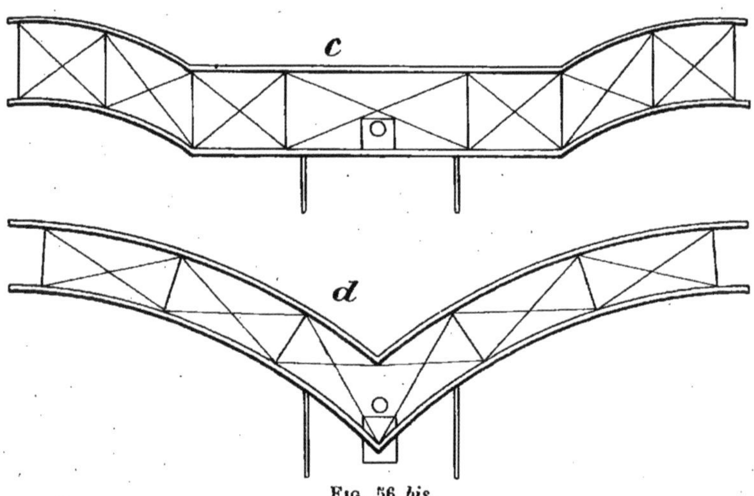

Fig. 56 *bis.*

cher leur machine de pencher dans un sens ou dans l'autre.

La figure 56 *bis* (*a*) indique la disposition des plans dans la machine Wright. Le centre de gravité de l'ensemble y est marqué approximativement.

La figure (*b*) montre une disposition légèrement convexe des plans qui rend absolument irréalisable la stabilité automatique. Avec cette forme de plans, la

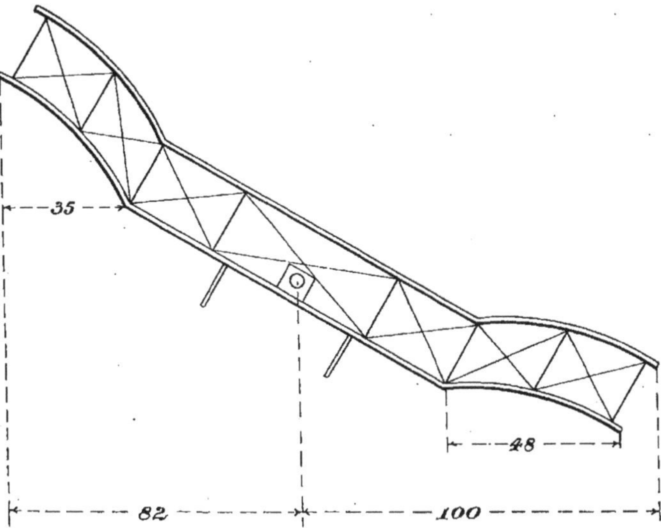

Fig. 56 *ter*.

machine peut en quelques minutes plonger tout à coup obliquement vers le sol. Cela vient de ce que, lorsqu'elle n'est que légèrement penchée transversalement, la poussée sur l'aile la plus basse décroît, tandis qu'elle croît sur l'aile la plus haute, ce qui provoque le retournement complet de la machine.

On voit en (*c*) une disposition des plans où les extrémités des ailes sont tournées vers le haut. Dans ce cas, si la machine penche à droite ou à gauche, l'aile qui s'abaisse attaque une plus grande quantité d'air sous un angle meilleur, plus loin du centre de gravité, tandis que les choses se passent d'une manière exactement inverse sur l'aile qui se relève et, par le jeu même de cette variation des poussées sur les deux ailes, l'aéroplane est ramené automatiquement à l'horizontalité.

On trouve en (*d*) une autre disposition des plans qui, bien que beaucoup moins économique relativement à leur poids, assure une stabilité absolue par tous les vents. Une machine ainsi établie serait aussi stable qu'un navire.

La figure 56 *ter* suffit à faire comprendre nettement comment se comporte l'aéroplane *c* de la figure précédente, lorsqu'il s'incline transversalement, et comment la courbure et l'inclinaison des ailerons latéraux empêchent l'appareil de tomber obliquement. On remarquera que l'aileron abaissé a, en projection horizontale, une aire bien plus grande que l'aileron redressé. On observera également que l'extrémité des plans les plus bas est beaucoup plus éloignée du centre de gravité que celle des plans relevés, ce qui a pour effet de donner un plus grand bras de levier à la poussée qui s'exerce sur l'aileron abaissé. Grâce à ce dispositif, on peut maintenir le système en équilibre approximatif, sans avoir à modifier à la main l'inclinaison des extrémités des ailes, comme on le fait dans la machine de Wright.

CHAPITRE VII

FORME ET RENDEMENT DES AÉROPLANES

Les idées du professeur Langley. — Du vivant du professeur Langley, nous avons discuté maintes fois ensemble au sujet de la grandeur et de la forme qu'il convient de donner aux aéroplanes. Le professeur avait fait de nombreuses expériences avec des plans fort petits et étroits, et il désirait vivement avoir quelques données sur l'effet qu'on obtiendrait avec des aéroplanes plus grands.

Il posait en principe, qu'en disposant en tandem deux ou trois aéroplanes, tous sous le même angle, l'aéroplane avant, *a* (*fig.* 57), aurait une force ascensionnelle beaucoup plus grande que *b*, et *b* une force ascensionnelle plus grande que *c*. Cette considération l'avait conduit à proposer une seconde disposition *a'b'c'* où les sustentateurs successifs ont des inclinaisons croissantes : *b'* est placé sous un angle tel qu'il donne à l'air une accélération supplémentaire égale à celle qu'il a déjà reçue en passant sous *a'*, — de même que *c'* verra aussi s'accroître son accélération de la même valeur. Avec cette disposition, la poussée ascendante sur les trois aéroplanes devait être la même.

Quant à moi, je m'inscrivais en faux contre cette théorie. Il me semblait qu'elle ne devait être vraie que s'il ne s'agissait que du volume d'air représenté entre

j et h et qu'elle ne tenait aucun compte de la masse d'air comprise entre k et l, qu'il faut pourtant considérer, et qui joue évidemment un certain rôle en pressant sur le filet d'air jk.

Le professeur Langley admit la justesse de ce raisonnement et reconnut que l'expérience seule pouvait démontrer ce qu'il en était réellement. Mais c'était là précisément une chose que je pouvais vérifier.

Je n'aimais pas la disposition $a'b'c'$, parce que l'angle était si aigu, spécialement en c', qu'il aurait nécessité une poussée d'hélice très grande. Je fis donc un compromis inspiré de ce système, comme il est indiqué en $a''b''c''$. Ici a'' a une inclinaison de $\frac{1}{10}$, b'' de $\frac{1}{6}$, c'' de $\frac{1}{5}$.

On verra que cette forme, qui est réalisée en une seule surface d'aéroplane $a'''b'''c'''$, est très heureuse. Pour l'établir, on commence par tracer la ligne cd, puis on abaisse la perpendiculaire $be = \frac{cd}{10}$; et l'on joint ce par une ligne droite que l'on prolonge jusqu'en f ; en f, on abaisse une deuxième perpendiculaire $fg = \frac{de}{2}$; on mène alors la droite egh ; puis on abaisse la perpendiculaire $hi = fg$. On a ainsi quatre points, et en les joignant par une courbe, nous avons la forme de l'aéroplane indiqué ci-dessus, forme qui est excellente. Cependant elle ne convient qu'aux vitesses ne dépassant pas 40 milles à l'heure ; au delà, la courbure devrait subir une réduction correspondante.

Action des aéroplanes et puissance nécessaire, ramenées à leur plus simple expression. — En établissant des projets de sustentateurs pour machines volantes, il ne faut jamais perdre de vue que la surface n'est pas le seul facteur à considérer.

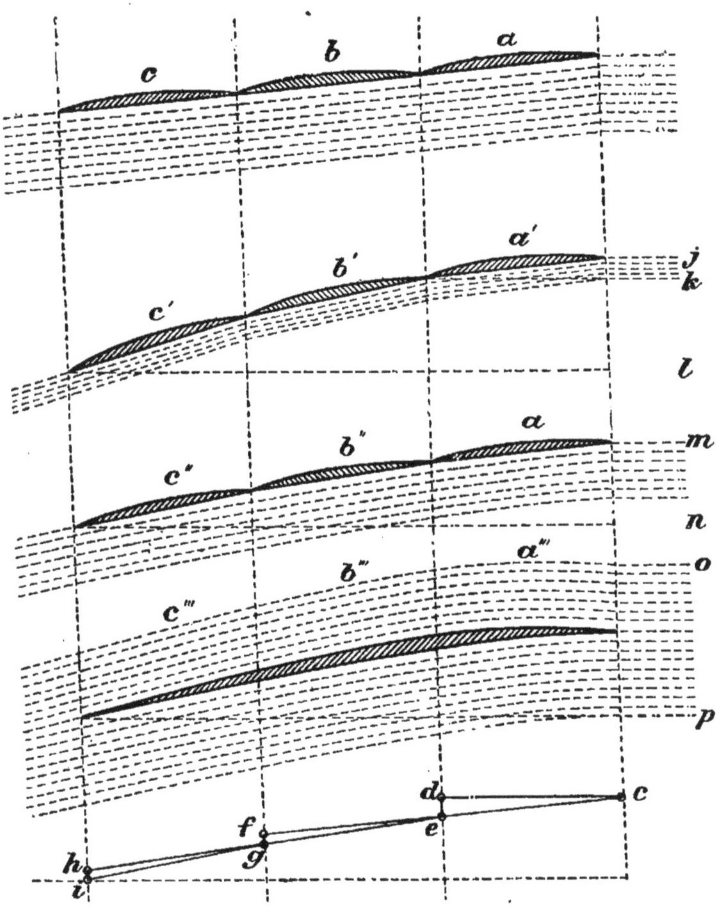

Fig. 57. — Diagramme montrant comment s'engendre la surface d'un aéroplane de grande largeur.

Nos aéroplanes doivent avoir une certaine longueur de bord d'attaque ; c'est-à-dire que la longueur du bord antérieur doit être une fonction du poids soulevé. Pour une même dépense d'énergie, un sustentateur carré de 100 mètres carrés, par exemple, ne soulèvera pas un poids aussi lourd qu'un rectangle allongé de 50 mètres et de 2 mètres de profondeur, lequel a pourtant la même surface ; nos sustentateurs devront donc être aussi longs que possible de tribord à bâbord.

Avec des vitesses n'excédant pas 64 kilomètres à l'heure, on peut admettre qu'il faut $0^{m},30$ de bord d'attaque pour 2 kilogrammes de poids. Cette proportion, toutefois, ne reste pas la même pour des vitesses plus considérables : la longueur peut être réduite alors en raison directe du carré de la vitesse.

Un sustentateur de 1 mètre au carré n'aura pas une force ascensionnelle dix fois moindre qu'un autre de 1 mètre sur 10 mètres. Cela provient de ce que l'air s'échappe par les extrémités, et l'on peut remédier à cet inconvénient en disposant sur les bords latéraux un mince rebord, ou des cloisons verticales, comme dans une cellule Hargrave.

Un sustentateur de 1 mètre de large sur 30 mètres de long, incliné de $\frac{1}{10}$ et se déplaçant horizontalement dans l'air à une vitesse de 64 kilomètres à l'heure, soulèvera 13 kilogrammes par mètre carré. Mais si nous trouvons cette longueur de 30 mètres incommode ou difficile à réaliser dans la pratique, nous pouvons la sectionner en deux éléments ou même davantage, en superposant ces éléments.

Ceci permet donc de réduire l'envergure du système, sans réduire sa force ascensionnelle ; nous avons encore 30 mètres de bord d'attaque et la même surface de 30 mètres carrés, et nous savons que chaque mètre carré de cette surface soulèvera 13 kilogrammes à la vitesse que nous voulons obtenir, soit au total :

$$30 \times 13 = 390 \text{ kilogrammes.}$$

La force ascensionnelle totale sera donc de 390 kilogrammes et la poussée de l'hélice correspondante pour mouvoir cet aéroplane sera égale, en raison de l'inclinaison de $\frac{1}{10}$, au dixième de la poussée verticale, soit 39 kilogrammes.

Nous divisons ainsi, en définitive, l'effort total en ses deux composantes ; la composante verticale représente ce que le professeur Langley a si justement appelé « lift » l'*enlevée*, ou la *poussée* ascensionnelle, tandis qu'il appelait « drift » la composante horizontale ou *traînée*[1]. Ici la traînée est $\frac{1}{10}$ de la poussée.

Nous cherchons à réaliser une vitesse de 64 kilomètres par heure, soit :

$$T = \frac{64}{3600} = 17^{m},7 \text{ par seconde.}$$

Si nous multiplions la traînée $T = 39$ (en kilogrammes) par la vitesse $V = 17,7$ par seconde, exprimée en mètres, ce produit donne le travail en kilogrammètres, et, chaque cheval-vapeur correspondant à 75 kilogrammètres par seconde, il suffira donc de diviser le travail total par 75 pour avoir la puissance nominale H de la machine :

$$H = \frac{TV}{75} \text{ ou } \frac{39 \times 17,7}{75} = 9 \text{ chevaux-vapeur.}$$

1. Le colonel Renard a adopté les expressions *poussée* et *traînée*.

En définitive, il nous faudra donc 9 chevaux pour porter 390 kilogrammes, l'aéroplane progressant à une vitesse de 64 kilogrammes à l'heure, sous une inclinaison de $\frac{1}{10}$.

Ce calcul, bien entendu, ne tient pas compte du recul de l'hélice et de la résistance due au bâti et aux fils tendeurs. Mais nous estimons qu'un poids de 390 kilogrammes serait insuffisant; le poids minimum à enlever sera certainement plus considérable et, pour ne pas allonger par trop les sustentateurs, nous serons conduits à augmenter leur largeur d'avant en arrière, ce qui revient, par exemple, à ajouter un autre aéroplane semblable au premier, c'est-à-dire de 1 mètre de large, immédiatement en arrière du premier. Ce second plan recevra l'air que lui envoie celui-ci, air qui est déjà animé d'une vitesse descendante. Il est donc de toute évidence que, si nous le plaçons sous le même angle que le premier — soit $\frac{1}{10}$ — il n'aura pas la même force ascensionnelle que celui-ci, et nous trouvons que pour obtenir une force ascensionnelle convenable, c'est sous l'angle de $\frac{1}{6}$ qu'il faudra placer ce second plan. Dans ces conditions, la poussée de l'hélice pour ce plan sera égale au $\frac{1}{6}$ de la force ascensionnelle, et, en refaisant un calcul analogue au précédent, on trouve qu'il faudra 15 HP, au lieu des 9 HP qui suffisaient pour le premier aéroplane, soit pour les deux aéroplanes contigus :

$$15 + 9 = 24 \text{ chevaux.}$$

Pour éviter toute confusion, appelons notre premier plan a'', le second b'', comme sur la figure 57. Si cela ne nous suffit pas et s'il nous faut encore plus de force ascensionnelle, nous ajouterons encore un autre plan c''. Ce dernier reçoit l'air qui a été déjà mis en mouvement par les deux précédents a'' et b'', de sorte que, pour obtenir une force ascensionnelle convenable, nous devons placer notre troisième sustentateur sous un angle de $\frac{1}{5}$. Sous cet angle, notre poussée d'hélice doit s'élever au $\frac{1}{5}$ de la force ascensionnelle, et la puissance nécessaire est double, par kilogramme porté, qu'avec le plan a'', dont l'angle était de $\frac{1}{10}$; il nous faudra donc 18 HP pour porter encore 390 kilogrammes supplémentaires. Comme il n'y a pas de raison pour garder trois sustentateurs en tandem, là où un seul remplirait beaucoup mieux notre objet, nous transformons l'ensemble de ces trois plans en un seul, comme il est indiqué (a''', b''', c''', *fig.* 57), et, en faisant la face supérieure lisse et uniforme, nous obtenons l'avantage d'emprunter notre force ascensionnelle aussi bien à l'air qui passe au-dessus de l'aéroplane qu'à celui qui est au-dessous. La puissance totale est donc de

$$9 + 15 + 18 = 42 \text{ HP}$$

pour l'ensemble, portant 3 fois 390 kilogrammes ou 1170 kilogrammes, soit $27^{kg},8$ par cheval-vapeur ; cette puissance, tout entière employée à surmonter la résistance due au poids et à l'inclinaison de l'aéroplane, constitue la moitié à peu près de la puissance totale nécessaire. Nous devons compter beaucoup plus à cause de la perte dûe au recul de l'hélice et à la résistance atmosphérique sur le moteur, le bâti et les fils de la machine. Cependant, si l'hélice est placée sur le trajet de résistance maxima, elle récupérera une partie de l'énergie communiquée à l'air. Nous devons prendre un moteur de 84 HP, ce qui donne 13 à 14 kilogrammes soulevés par cheval-vapeur.

De ce qui précède il résulte que, à une vitesse de 64 kilomètres à l'heure, le poids soulevé par cheval-vapeur n'est pas très grand. Si nous voulons faire une machine de meilleur rendement, nous aurons recours à un grand nombre de très petits plans superposés, ou de sustentateurs, comme les appelle M. Phillips, ou bien alors nous devons accroître la vitesse. Si un aéroplane soulève 13 kilogrammes par mètre carré sous un angle de $\frac{1}{10}$ et en faisant 64 kilomètres à l'heure, le même aéroplane lèvera $7^{kg},5$ sous un angle de $\frac{1}{20}$; d'autre part, la force ascensionnelle varie comme le carré de la vitesse et le même aéroplane, faisant 96 kilomètres à l'heure, verra sa force ascensionnelle accrue dans la proportion de 96^2 à 64^2 ; c'est-à-dire portée à $16^{kg},50$ par mètre carré au lieu de $7^{kg},5$. A cette haute vitesse, pourvu que l'aéroplane n'ait pas plus de $0^m,90$ à 1 mètre de large, il n'a besoin de recevoir qu'une courbure légère et qu'une inclinaison moyenne de $\frac{1}{20}$.

Un aéroplane de 30 mètres sur 1 mètre aura 30 mètres carrés de surface de poussée, et chaque mètre carré soulèvera $16^{kg},5$, soit un total de 95 kilogrammes pour toute la surface. La poussée d'hélice nécessaire pour le mouvoir à travers l'air à une vitesse de 96 kilomètres à l'heure sera :

$$\frac{495}{20} = 25.$$

Or, 96 kilomètres par heure donnent une vitesse de

$$\frac{96\,000}{3\,600} = 26^{m} \text{ par seconde ;}$$

la puissance requise est donc :

$$\frac{25 \times 26}{75} = 8{,}5 \text{ HP.}$$

Divisant la force ascensionnelle totale 495 par 8,5, nous avons :

$$\frac{495}{8{,}5} = 58 \text{ kilogrammes,}$$

pour la force ascensionnelle par cheval-vapeur.

Si nous comptons un rendement de 50 0/0, par suite des pertes par frottement, glissement de l'hélice, etc.; nous voyons qu'il faudra une puissance de 17 HP pour porter 495 kilogrammes.

On voit donc que, au point de vue de la puissance, une vitesse de 96 kilomètres à l'heure est beaucoup plus économique que la vitesse plus faible de 64 kilomètres , en outre, la vitesse de 96 kilomètres permet de réduire considérablement la dimension et le poids de la machine, d'où une diminution de la résistance atmosphérique.

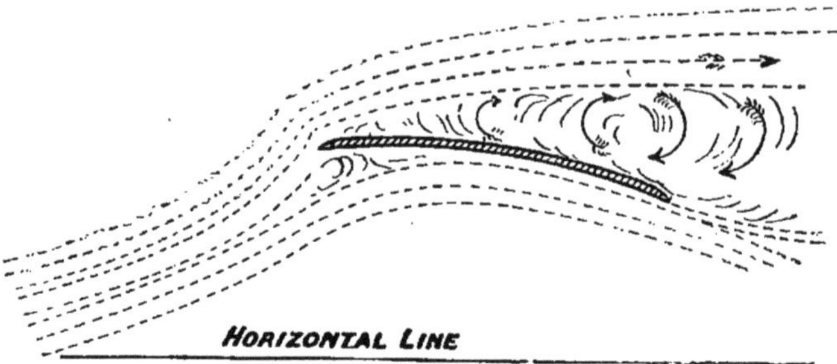

FIG. 58.

Dans un récent traité mathématique d'aérodynamique, il y a un dessin représentant le trajet que prend l'air en rencontrant un aéroplane à profil courbe animé d'une grande vitesse. On remarquera que l'air paraît attiré vers le haut avant que l'aéroplane l'ait atteint, absolument comme de la limaille de fer serait attirée par un aimant, et que l'air, sur la face supérieure de l'aéroplane est chassé tangentiellement, donnant lieu à un violent remous au-dessus et en arrière. On ne voit pas bien pourquoi l'air commence à monter avant que l'aéroplane l'ait atteint, et comme rien n'est plus éloigné de la réalité, des formules mathématiques basées sur une aussi fausse hypothèse ne peuvent guère être utiles à l'expérimentateur sérieux.

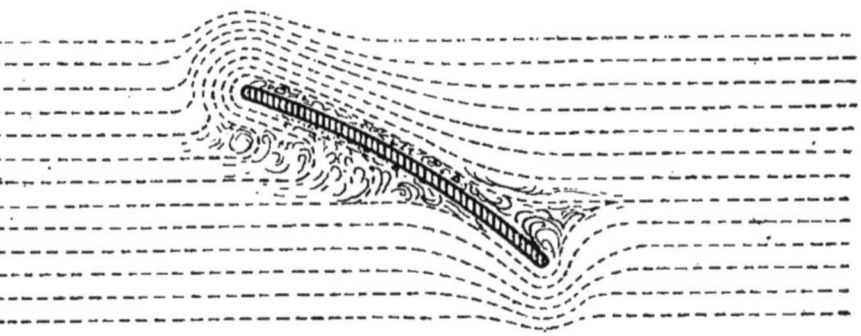

FIG. 59.

Dessin extrait d'une autre publication scientifique également sur la dynamique du vol. On remarquera que l'air qui frappe la face inférieure de l'aéroplane se divise en deux filets, l'un d'eux revenant en arrière en passant par-dessus le bord d'attaque de l'aéroplane, et en y subissant une compression. Un remous se forme sur la face supérieure, et l'air, aussitôt après avoir dépassé l'aéroplane, ne monte ni ne descend. On ne s'explique pas comment ces mathématiciens justifient le retour en arrière de l'air qui frappe l'aéroplane et son passage par dessus le bord supérieur, à l'encontre de la pression du vent.

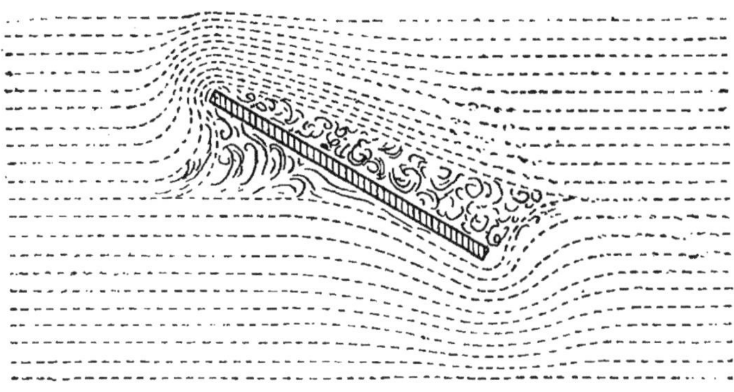

Fig. 60.

Autre dessin extrait du même ouvrage mathématique, indiquant la direction que l'air prendrait en frappant un aéroplane plan. Ici, l'air est encore divisé, une partie passant au-dessus de l'aéroplane, en subissant une compression, et formant un grand tourbillon à l'arrière, et, comme les lignes pointillées en arrière de l'aéroplane sont horizontales, il en résulterait que l'air n'est pas chassé vers le bas. Ici encore, toute formule basée sur cette hypothèse est extrêmement fausse.

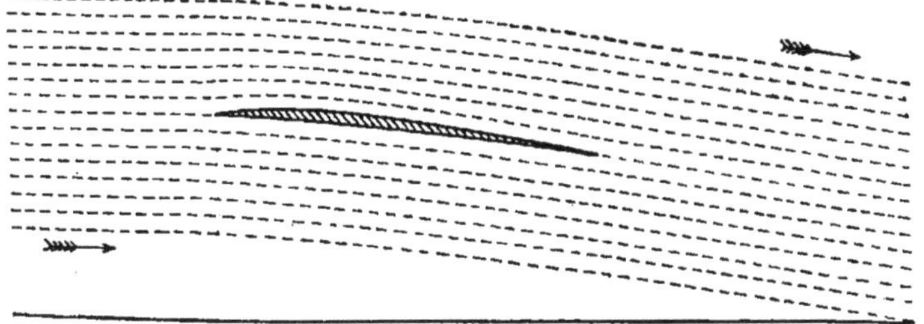

Fig. 61.

Forme et inclinaison pratique d'un aéroplane. Cette inclinaison est de $\frac{1}{10}$, et on remarquera que l'air suit les deux surfaces supérieure et inférieure, et qu'en abandonnant l'aéroplane, il va suivant la bissectrice des deux directions.

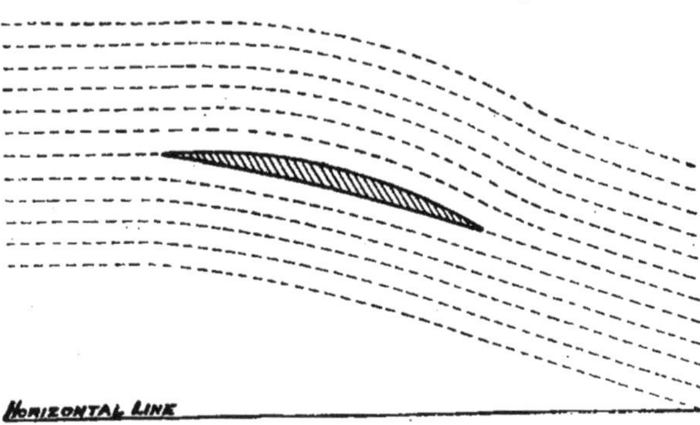

FIG. 62.

Aéroplane de grande épaisseur, placé sous le plus grand angle qu'on n'emploiera jamais : 1/4 — et, même alors, l'air suit les deux faces supérieure et inférieure. Il n'y a pas de remous, et la direction finale de l'air est celle de la bissectrice des deux tangentes.

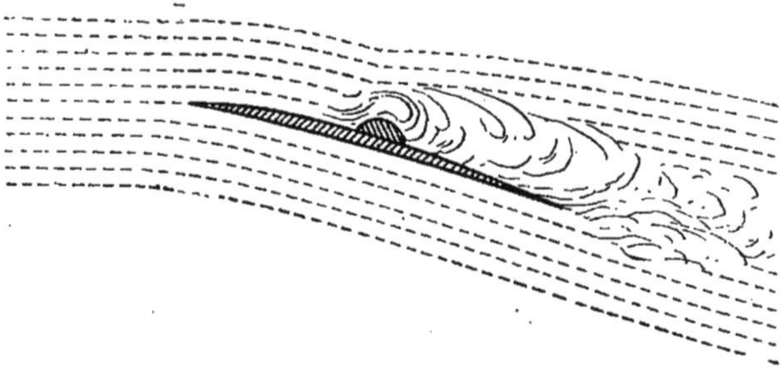

FIG. 63.

Coupe d'une aile d'hélice portant une nervure dorsale. La résistance causée par la nervure est faussement assimilée au frottement superficiel.

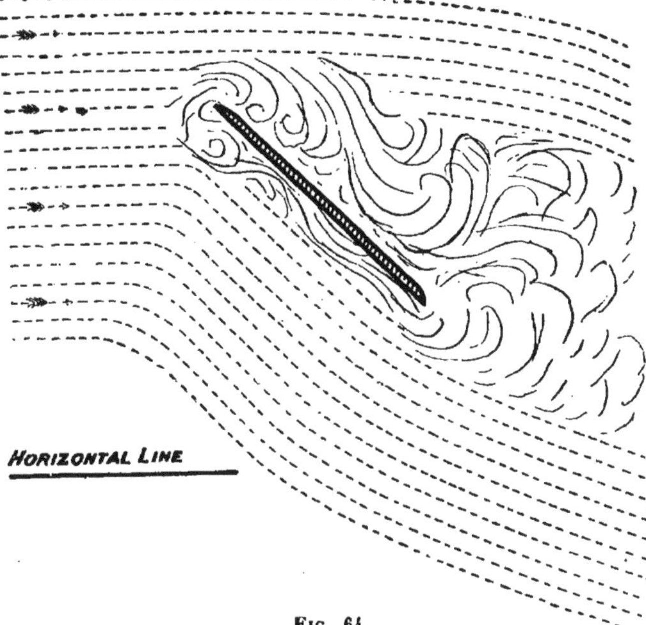

FIG. 64.

Aéroplane placé sous un angle de 45°, angle qu'on n'emploiera jamais dans le pratique; mais sous cet angle il y a égalité entre la force de l'air rencontré et la force nécessaire pour lui communiquer une accélération telle qu'il suive le dos de l'aéroplane, — et alors, en ce point, le vent peut suivre ou ne pas suivre la surface. Quelquefois il la suit, quelquefois il ne la suit pas. Voir les expériences sur les hélices.

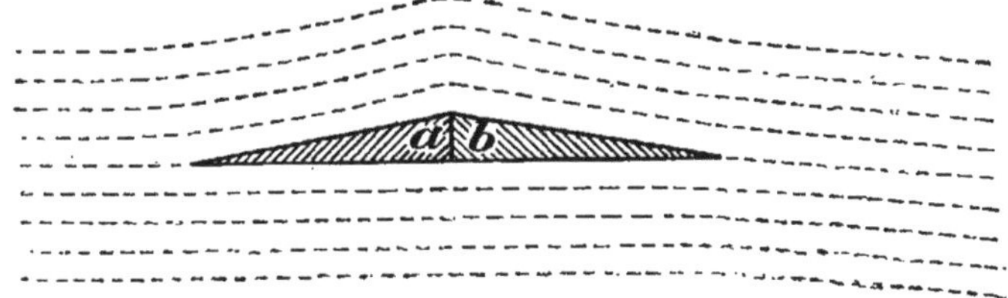

FIG. 65.

L'aéroplane représenté ci-dessus est mathématiquement un paradoxe. Cet aéroplane est doué d'une force ascensionnelle, quel que soit son sens de parcours. Il rencontre de l'air immobile, et l'abandonne animé d'une vitesse descendante : donc il se soulèvera. Cependant, si nous ôtons la partie *b* et que nous soumettions *a* tout seul au courant d'air, comme l'indique la figure 66, il n'y aura pas de poussée ascendante. Au contraire, l'air tend à abaisser *a*. Le trajet de l'air est clairement indiqué : cette remarque est très importante, car elle montre que la forme de la face supérieure est un facteur qui entre en ligne de compte. Toute la poussée ascendante est due dans ce cas à la surface supérieure.

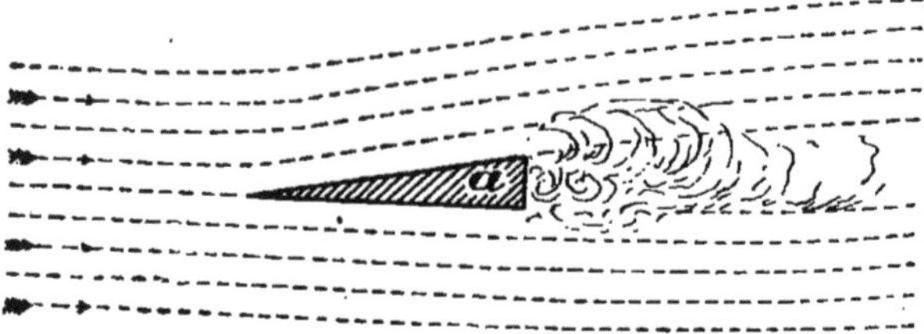

FIG. 66.

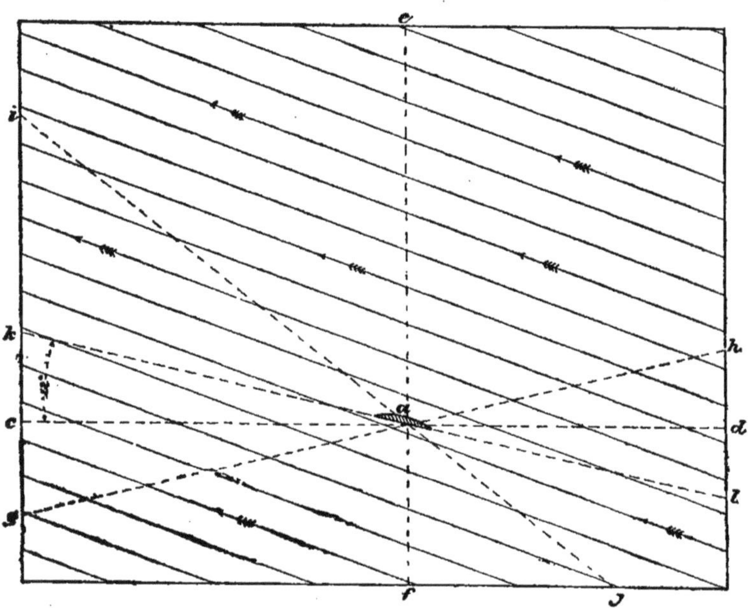

FIG. 67.

Dans ce dessin, *a* représente un aéroplane, ou une aile d'oiseau. Supposons que le vent souffle dans la direction indiquée par les flèches; le véritable déplacement que prendra l'oiseau par rapport à l'air sera dans le sens *ij*. C'est-à-dire que l'oiseau tombera par rapport à l'air ambiant en suivant la ligne *c,d*, à l'encontre du vent. Dans certains cas, un oiseau peut suivre la ligne *g,h*, au lieu de suivre l'horizontale, de façon qu'il s'élève et qu'en même temps il semble remonter le courant aérien.

Quelques machines récentes. — Le professeur S.-P. Langley, du Smithsonian Institute, à Washington, D.-C., fit un petit modèle de machine volante, de 1900 à 1905. Elle n'avait qu'une force ascensionnelle de quelques kilogrammes; mais, comme elle volait réellement et se balançait en l'air, l'expérience était de grande importance, en tant qu'elle démontrait la possibilité de construire une machine munie de surfaces sustentatrices permettant de la diriger automatiquement dans le sens horizontal.

Pour parvenir à ce résultat, il fallut d'innombrables expériences, et ce ne fut qu'après des mois d'un travail attentif et patient que le professeur et ses aides réussirent à faire voler leur machine dans une direction horizontale, sans qu'elle se cabrât, ni se renversât, ni enfin qu'elle plongeât pendant son mouvement en avant.

Les frères Wright, de Dayton (Ohio, États-Unis), qu'on appelle souvent « les mystérieux Wright », ont commencé leur œuvre expérimentale il y a déjà plusieurs années. Les premières années furent consacrées à construire des machines glissant dans l'air[1], et il semble qu'ils soient arrivés à peu près aux mêmes résultats que beaucoup d'autres expérimentateurs qui travaillaient dans le même ordre d'idées en même temps qu'eux; mais ils ne se contentèrent pas de simples machines glissantes et tournèrent leur attention du côté des moteurs.

Après quelques années d'expériences, ils appliquèrent leur moteur sur l'une de leurs grandes machines glissantes, et l'on dit qu'avec ce premier appareil ils réus-

1. On dit aussi des *planeurs* dans la phraséologie actuelle (N. d. T.)

sirent à voler sur de courtes distances. Plus tard, d'ailleurs, avec une machine plus parfaite, ils prétendent avoir réalisé de nombreux vols, parmi lesquels je citerai les trois suivants : 12 milles en 20 minutes (le 29 septembre 1905) ; 20,75 milles en 33 minutes (4 octobre) ; et 24,2 milles (38937 mètres) en 38 minutes (5 octobre de la même année).

A cette époque, ces vols n'ayant pas été contrôlés, on a émis quelques doutes sur leur réalité ; nous disions nous-même, dans des écrits précédents, qu'on ne pourrait pas en tenir compte tant que les frères Wright ne consentiraient pas à montrer leurs appareils et à faire une expérience publique.

Depuis lors, ils ont magnifiquement répondu à cette objection et à ce doute ; mais il n'en est pas moins vrai que l'incertitude a duré plusieurs années, pendant lesquelles des émules, en France, se sont efforcés de résoudre le problème, et parmi eux il convient de citer Farman et Delagrange.

Il est intéressant de noter que toutes les machines dont il s'agit et qui ont eu quelques succès sont conçues sur les mêmes principes. Toutes ont des sustentateurs superposés ; toutes ont des gouvernails horizontaux d'avant et d'arrière, et toutes sont mues par des hélices.

Dès lors elles ne diffèrent nullement de la grande machine que j'ai construite à Baldwyn's Park, il y a plusieurs années déjà.

J'ai vu les deux appareils Farman et Delagrange.

Ils ont sensiblement les mêmes dimensions et les mêmes caractéristiques, et ce qui est vrai de l'un est également vrai de l'autre. Je me bornerai donc à décrire l'un deux — celui de Delagrange, par exemple.

L'aspect d'ensemble de cet appareil est clairement indiqué sur les figures 68 et 69. Les dimensions sont les suivantes : les deux sustentateurs principaux ont 10 mètres d'envergure, 2 mètres de largeur, avec un écartement vertical de 1m,50. La queue, ou gouvernail d'arrière, a la forme d'une cellule Hargrave de 2m,70 d'envergure et de même largeur et hauteur que le corps principal. Les sustentateurs sont légèrement incurvés et recouverts d'étoffe caoutchoutée (surface totale de sustentation, 50 mètres carrés).

Le diamètre de l'hélice est de 2m,10; pas moyen 1m,70. Elle tourne à 1100 tours. Les palettes, au nombre de deux pour chaque hélice, sont extrêmement étroites (16 centimètres de largeur à l'extrémité extérieure et 8 centimètres à l'extrémité intérieure, avec 0m,63 de longueur). A 1100 tours par minute, le moteur développe 50 chevaux environ. La vitesse de l'aéroplane n'est pas connue d'une façon précise. On peut l'évaluer de 50 à 60 kilomètres à l'heure.

L'intervalle entre les deux corps de sustentation est de 1m,50.

Le gouvernail d'équilibre horizontal est à l'avant.

Le poids total est d'environ 500 kilogrammes avec un homme à bord.

Dans les calculs qui vont suivre, j'ai supposé que la vitesse était de 60 kilomètres par heure — le maximum que l'on peut admettre. Je n'ai pu obtenir aucune donnée certaine relativement à l'inclinaison de l'aéroplane, mais il semblerait qu'elle était d'environ $\frac{1}{10}$.

La surface sustentatrice connue étant de 50 mètres carrés et le poids soulevé atteignant 500 kilogrammes, la poussée de l'hélice pour une inclinaison de $\frac{1}{10}$ doit être :

$$T = \frac{500}{10} = 50 \text{ kilogrammes,}$$

à condition toutefois que les sustentateurs soient par-

Fig. 68. — La machine Delagrange sur le sol et prête à s'envoler.

faits et qu'il n'y ait aucune espèce de frottement.

La vitesse de 60 kilomètres à l'heure correspond à 16 mètres par seconde, ce qui donne pour la puissance motrice :

$$\frac{16 \times 50}{75} = 10{,}66 \text{ HP.}$$

Si nous comptons encore 10 HP pour la résistance de l'air sur le moteur, l'homme et le bâti, il faudrait 20,66 HP pour faire voler cet appareil à la vitesse de 60 kilomètres à l'heure.

En supposant que le moteur donne effectivement

50 HP, il y en a 29 d'absorbés par le recul de l'hélice et la résistance due à sa mauvaise forme.

Les ailes de l'hélice Delagrange sont extrêmement étroites, et la perte d'énergie est d'une importance correspondante — leur surface n'a en projection que $0^{m2},1486$ pour les deux ailes. — En comptant 100 ki-

FIG. 69. — La machine Delagrange en plein vol et très près du sol.

logrammes pour la poussée de l'hélice, nous avons :

$$\frac{100}{0,1486} = 672 \text{ kilogrammes},$$

pour la pression par mètre carré. En multipliant le pas de l'hélice (en mètres) par son nombre de tours par seconde, nous trouvons que, si elle tournait dans un écrou solide, elle avancerait de plus de 112 kilomètres à l'heure.

D'après la formule de la tour Eiffel, exprimée en mesures métriques :

$$P = 0,075V^2,$$

un vent de 112 kilomètres à l'heure produit une pression de 940 kilogrammes par mètre carré sur un plan normal ; par conséquent, en prenant $0^{m^2},1486$ pour surface projetée des ailes de l'hélice, nous avons :

$$0,1486 \times 940 = 139^{kg},68,$$

ce qui ne fait que la cinquième partie de la valeur réelle qu'atteint la pression quand les hélices tournent à 1 100 révolutions par minute.

Il est intéressant de noter que les extrémités des

Fig. 70. — La machine de Farman pendant le vol.

ailes de l'hélice ont une vitesse de 130 mètres par seconde, soit environ la moitié de la vitesse d'un boulet tiré par un canon à âme lisse.

Une machine volante doit, bien entendu, être dirigée dans deux sens : en même temps sur la verticale et sur l'horizontale.

Dans les machines Farman et Delagrange, la direction horizontale est commandée par un petit treuil muni d'un volant de direction, comme dans une chaloupe à vapeur, et la direction verticale est obtenue par le mouvement en avant et en arrière de l'arbre

FIG. 71. — La machine Blériot.

Cette machine s'élevait au-dessus du sol ; mais, comme le centre de gravité n'était pas, ou presque pas, au-dessus du centre de poussée, elle se retournait (capotait) complètement dans l'air.

FIG. 72. — La machine volante de Santos-Dumont.

de ce treuil. Comme la longueur de tout le système n'est pas très grande, il faut une grande attention de la part du timonier pour maintenir l'horizontalité; s'il ne peut penser et agir vite, un désastre est certain. Dans une circonstance, l'homme préposé au volant poussa l'arbre du treuil en avant, alors qu'il aurait dû le tirer en arrière, et le résultat fut un plongeon et une grave avarie de machine ; heureusement il n'y eut pas d'accident de personne, bien que quelques-uns des assistants l'aient, dit-on, échappé belle.

Le remède consiste à donner une grande longueur à toutes les machines dirigées à la main; on a ainsi plus de temps pour réfléchir et pour agir; on fera mieux encore en rendant la commande automatique à l'aide d'un gyroscope.

Les dernières expériences de Wright. — J'avais déjà écrit les lignes précédentes lorsque j'ai eu le grand plaisir de me rencontrer avec M. Wilbur Wright et d'examiner sa machine, et je pense que tous ceux qui ont vu son œuvre admettront qu'il possède une grande avance sur les machines françaises. Je l'ai vu accomplir quelques vols; sa machine montait en l'air avec la plus grande aisance, marchait avec une allure régulière et la vitesse d'un train express, passait sur nos têtes à plus de 30 mètres de haut[1], et, après avoir accompli un second circuit, ralentissait et, descendait à terre avec toute la grâce d'un oiseau, sans

1. Le 8 décembre 1908, Wilbur Wright a franchi une hauteur verticale de 100 mètres, et, dans un second vol, tenu l'air pendant 1 heure 54' 2/5, parcourant 99 kilomètres 800 contrôlés et 120 effectifs. G. E.

secousse perceptible et au point exact où l'aviateur voulait atterrir.

Les machines françaises de Delagrange et de Farman ont à peu près les mêmes dimensions et le même poids que celle de Wright. Elles sont munies de moteurs de 50 HP, et ont de la difficulté à porter 70 kilogrammes[1].

Elles semblent très difficiles à diriger et à maintenir horizontales, tandis que M. Wright ne rencontre aucune difficulté dans la direction de sa machine ; en outre, et c'est peut-être là le plus important de tout, sa machine est munie d'un petit moteur de sa propre fabrication, très capricieux, incertain et de 24 HP seulement; néanmoins, avec ce petit moteur imparfait, M. Wright a pu rester dans l'air pendant plus d'une heure et demie de suite, en allant tout le temps à la vitesse d'un train express. En plus d'une occasion, il a pu accomplir des vols avec une charge de 110 kilogrammes en sus de son propre poids, de son pétrole et de son eau. Il paraît qu'il a eu très peu de désagréments, avec son appareil, pendant son séjour en France, sauf pour le moteur.

Bien que la machine Wright soit de tout point supérieure à toutes les autres, je puis dire cependant, en me plaçant au point de vue critique, qu'elle est susceptible de beaucoup de perfectionnements importants, dont je veux indiquer quelques-uns.

Le moteur comporte quatre cylindres et un volant de fonte assez lourd. On pourrait, en ajoutant deux cy-

1. Nous devons faire remarquer que, contrairement à cette affirmation de l'auteur, Farman et Delagrange ont maintes fois pris un passager à leur bord, ce qui suppose que l'appareil enlève 140 kg environ.
G. E.

lindres au moteur, se passer du volant, et celui-ci est notablement plus lourd que ne seraient les deux cylindres supplémentaires. Cette transformation permettrait au moteur de donner 36 HP au lieu de 24, et réduirait en même temps son poids dans une certaine mesure. Ceci permettrait de donner aux sustentateurs sensiblement plus d'envergure, et, moyennant quelques autres légères modifications, de diminuer la résistance atmosphérique ; par exemple, en remplaçant les parties planes qui se présentent normalement à l'air dans la machine actuelle, par des bords tranchants, l'appareil pourrait aller plus vite, porter une plus forte charge, et resterait dans l'air au moins deux heures et demie.

Il est intéressant de noter à ce propos la raison exacte qui fait que la machine Wright, avec 24 HP seulement, donne des résultats si supérieurs à ceux des machines françaises, de 50 HP. Dans les machines françaises, l'hélice de propulsion est fixée directement à l'arbre moteur, et par suite elle doit tourner à une vitesse effrayante. Les ailes sont très petites et constituées par des lames métalliques rivées sur des bras d'acier solides ; ces bras projettent des saillies sur la face convexe des ailes, d'où une grande résistance — faussement attribuée au frottement superficiel — et en même temps réduction de la poussée et augmentation de la puissance nécessaire. Dans la machine Wright, nous trouvons deux hélices beaucoup plus grandes, tournant au tiers de la vitesse du moteur. Les hélices Wright sont en bois et leurs deux faces sont lisses et dénuées de toute saillie. Aussi l'air suit-il les deux faces des ailes, et il ne se produit aucune action perturbatrice. Ici encore nous ne devons pas perdre de vue le fait que la machine Wright met en jeu largement six fois plus d'air par cheval-vapeur que les machines françaises.

Dans ces dernières, la charpente en bois des aéroplanes est en saillie sur la face supérieure, empêchant ainsi l'air de suivre la surface et de se réunir avec l'air de la face inférieure, d'où diminution de la poussée et accroissement de la résistance atmosphérique. Dans la machine Wright, au contraire, les faces supérieure et inférieure sont toutes les deux recouvertes d'une étoffe lisse et régulière, bien tendue et de tissu serré; l'air passe sur la face supérieure tout aussi aisément que sur la face inférieure, de sorte que les deux faces contribuent à chasser l'air vers le bas et à produire le maximum de poussée.

Les machines françaises, aux virages, ont toujours une forte tendance à se cabrer ou à plonger en avant. Dans le type Farman, il n'y a qu'une hélice et elle tourne à une vitesse extrêmement grande, ce qui fait d'elle un puissant gyroscope. Supposons que l'hélice tourne à main droite et que le conducteur veuille virer de 90° à gauche ; alors l'hélice, agissant comme un gyroscope, va tendre énergiquement à relever l'avant de la machine en abaissant l'arrière — tandis que, s'il s'agit de tourner à droite, il y aura une tendance également énergique à abaisser l'avant, et qu'enfin, en virant de 180° pour revenir au point de départ, la machine se renverserait complètement sens dessus dessous, si le gyroscope était libre de prendre son équilibre naturel. M. Wright s'affranchit de cette cause de perturbation, généralement peu comprise, en employant deux hélices de mêmes dimensions et de même poids, tournant à la même vitesse en sens opposés, ce qui supprime entièrement le phénomène particulier dû à l'action gyroscopique d'une seule hélice.

D'après ce que j'ai vu des moteurs spéciaux d'aviation, je pense que leur action capricieuse et singulière est due pour une grande part à la façon imparfaite dont s'opère le mélange de pétrole et d'air. Tous ceux à qui la question est familière savent bien que l'explosion ne peut se produire qu'entre certaines conditions limites. Un mélange qui contient trop d'air n'explosera pas; un mélange qui contient trop peu d'air n'explosera pas non plus. En outre, en admettant que les proportions relatives de pétrole et d'air soient bonnes, il peut parfaitement se faire que le mélange ne soit pas intime. Dans la machine de Wright, par exemple, le carburateur n'est pas bon; le jet est simplement introduit dans le tuyau d'aspiration, et deux transformations doivent s'accomplir pendant une faible fraction de seconde : le liquide doit d'abord s'évaporer, puis se mélanger à l'air. Dans ces conditions, le mélange n'est ni intime ni complet; il doit se produire des tourbillons et des remous où le mélange se trouve tantôt trop riche, tantôt trop pauvre, pour exploser, et si l'allumage se trouve dans l'une de ces régions au moment où le courant passe, il y a un raté; et même quand l'explosion peut se produire, elle n'intéresse pas toute la masse; il y a des régions, des veines, où la vapeur, trop riche, ne contient pas assez d'oxygène. Au moment de l'explosion, l'hydrogène s'y enflamme, laissant le carbone absolument libre, sous forme de noir de fumée chauffé à blanc, ce qui donne lieu à une inflammation prématurée.

C'est là la seule chose qui ait embarrassé gravement M. Wright. Si le moteur d'une automobile refuse le service, la machine s'arrête simplement et n'en souffre pas; mais avec un aéroplane, c'est tout autre chose. Tout dépend d'un arrêt du moteur, et aucun moteur ne peut fonctionner avec sûreté s'il n'est alimenté par un mélange intime de vapeur de pétrole et d'air, de densité correspondante au plus grand effet dynamique possible relativement au poids du combustible brûlé, et la vapeur et l'air doivent être intimement mélangés avant d'être introduits dans le cylindre. On peut même aller jusqu'à munir toute machine volante d'une machine à gaz, légère et économique, destinée à opérer le mélange de pétrole et d'air.

Si on pouvait réaliser un tel appareil avec le même degré de précision qu'on atteint en Amérique dans les machines à gaz qui carburent un mélange d'air avec une très faible proportion de gaz de gazoline, pour l'éclairage, — on ne voit pas pourquoi un moteur à pétrole serait moins bon qu'un moteur à gaz, et on sait que les moteurs à gaz marchent généralement bien.

J'ai dessiné et construit beaucoup de machines à gaz aux États-Unis, et il me semble qu'il n'y aurait aucune difficulté à créer une machine à gaz ou un carburateur capable de produire un mélange de densité uniforme, tout à fait indépendamment de la vitesse du moteur, de la pression du moteur, de la pression du liquide et de la température de l'air ; en fait, j'ai déjà établi des projets spéciaux pour un tel carburateur de machines volantes, et son poids n'excède nullement celui des meilleures machines actuellement en service.

Vitesse et pression du vent. — La pression varie comme le carré de la vitesse ou :

$$P = \alpha V^2.$$

L'ancienne formule pour un vent soufflant contre un plan normal était :

$$P = 0{,}005 \times V^2.$$

La dernière formule (formule de la tour Eiffel) donne une valeur bien plus faible :

$$P = 0{,}003V^2 \text{ (en unités anglaises)};$$

VITESSE			PRESSION par MÈTRE CARRÉ	CARACTÈRE DU VENT
PAR HEURE	PAR MINUTE	PAR SECONDE		
kilomètres	mètres	mètre	kilogrammes	
1	16	0,26	0,005	Difficilement observable
2	33	0,55	0,023	
3	50	0,83	0,052	A peine perceptible
4	66	1,10	0,090	
5	83	1,40	0,147	
6	100	1,66	0,193	Légère brise
8	133	2,20	0,363	Vent doux, agréable
10	166	2,76	0,570	
12	200	3,30	0,815	
15	250	4,10	1,26	Brise fraîche
20	333	5,55	2,3	
25	416	6,90	3,56	Brise piquante
30	500	8,33	5,21	Brise aigre
40	666	11,10	9,25	Brise très piquante
50	833	13,90	14,5	Vent fort
60	1 000	16,66	20,8	Vent très fort
70	1 166	19,43	28,3	Coup de vent
80	1 333	22,20	37	Tempête
90	1 500	25,00	47	Grande tempête
100	1 666	27,70	57,5	
110	1 833	31,10	72,3	
120	2000	33,30	83,2	Ouragan
130	2 166	36,10	98	
140	2 333	38,80	106,4	Tornade
150	2 500	41,66	130	
170	2 833	47,20	167	
200	3 333	55,55	230	Doux zéphyrs[1]
220	3 666	61,10	280	
240	4000	66,66	333	

1. « Washoe zephyrs » — avec des excuses à Mark Twain.

V représente la vitesse en milles à l'heure et P la pression en livres par pied carré.

En réduisant les calculs en unités françaises, on obtient le tableau précédent.

TABLE D'ÉQUIVALENCE DES INCLINAISONS

INCLINAISON	SINUS DE L'ANGLE	ANGLE EN DEGRÉS
1/30	0,0333	1,91
1/25	0,04	2,29
1/20	0,05	2,87
1/18	0,0555	3,18
1/16	0,0625	3,58
1/14	0,0714	4,09
1/12	0,0833	4,78
1/10	0,1	5,73
1/9	0,1111	6,38
1/8	0,125	7,18
1/7	0,143	8,22
1/6	0,1667	9,6
1/5	0,2	11,53
1/4	0,25	14,48

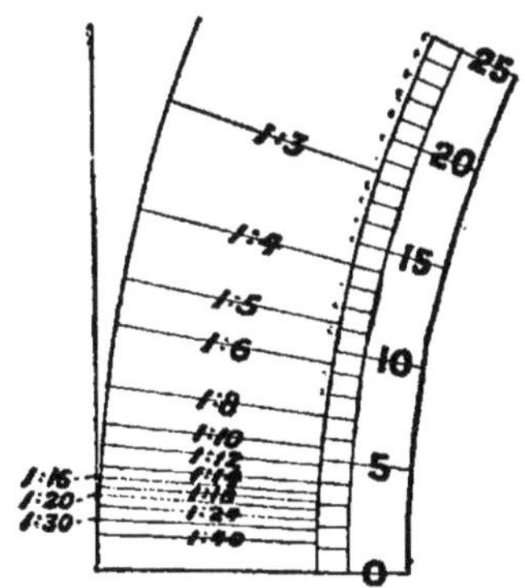

FIG. 72 *a*. — Angles et degrés comparés. On observera qu'une inclinaison de 1/4 équivaut pratiquement à un angle de 14°.

TABLE D'ÉQUIVALENCE DES VITESSES

MILLES PAR HEURE	PIEDS PAR SECONDE	PIEDS PAR MINUTE	MÈTRES PAR MINUTE	MÈTRES PAR SECONDE
1........	1,5	88	26,8	0,447
2........	2,9	176	53,6	0,894
3........	4,4	264	80,5	1,341
4........	5,9	352	107,3	1,788
5........	7,3	440	134,1	2,235
6........	8,8	528	160,9	2,682
8........	11,7	704	214,6	3,576
10........	14,7	880	268,2	4,470
15........	22	1 320	402,3	6,705
20........	29,4	1 760	536,4	8,940
25.......	36,7	2 200	670,5	11,176
30........	44	2 640	804,6	13,411
35........	51,3	3 080	938,8	15,646
40........	58,7	3 520	1 072,9	17,881
45........	66	3 960	1 207	20,116
50........	73,4	4 400	1 341,1	22,352
60........	88	5 280	1 609,2	26,822
70........	102,7	6 160	1 877,5	31,292
80........	117,2	7 040	2 145,8	35,763
90........	132	7 920	2 414	40,233
100........	146,7	8 800	2 682,2	44,704
110........	161,2	9 680	2 950,2	49,174
120........	176	10 560	3 218,4	53,644
130........	191	11 440	3 486,6	58,115
140........	205,3	12 320	3 755,1	62,585
150.......	220	13 200	4 023,3	67,056

Pour convertir les pieds par minute en mètres par seconde, multiplier par 0,00508.

TABLE DE CORRESPONDANCE DES VITESSES ET DES POUSSÉES POUR DIFFÉRENTES PUISSANCES

VITESSE en MILLES A L'HEURE	CHEVAUX-VAPEUR										
	1	10	20	30	40	50	60	70	80	90	100
	POUSSÉE EN LIVRES										
1	375	3 750	7 500	11 250	15 000	18 750	22 500	26 250	30 000	33 750	37 500
5	75	750	1 500	2 250	3 000	3 750	4 500	5 250	6 000	6 750	7 500
10	37,5	375	750	1 125	1 500	1 875	2 250	2 625	3 000	3 375	3 750
15	25	250	500	750	1 000	1 250	1 500	1 750	2 000	2 250	2 500
20	18,8	187,5	375	562,5	750	937,5	1 125	1 312,5	1 500	1 687,5	1 875
25	15	150	300	450	600	750	900	1 050	1 200	1 350	1 500
30	12,5	125	250	375	500	625	750	875	1 000	1 125	1 250
35	10,7	107,1	214,3	321,4	428,6	535,7	642,8	750	857,1	964,3	1 071,4
40	9,4	93,8	187,5	281,3	375	468,8	562,5	656,3	750	843,8	937,5
45	8,3	83,3	166,7	250	333,3	416,7	500	583,3	666,7	750	833,3
50	7,5	75	150	225	300	375	450	525	600	675	750
60	6,3	62,5	125	187,5	250	312,5	375	437,5	500	562,5	625
70	5,4	53,6	107,1	160,7	214,3	267,9	321,4	375	428,6	482,1	535,7
80	4,7	46,9	93,3	140,6	187,5	234,4	281,3	328,2	375	421,9	468,8
90	4,2	41,7	83,8	125	166,7	208,3	250	291,7	333,3	375	416,7
100	3,75	37,5	75	112,5	150	187,5	225	262,5	300	337,5	375

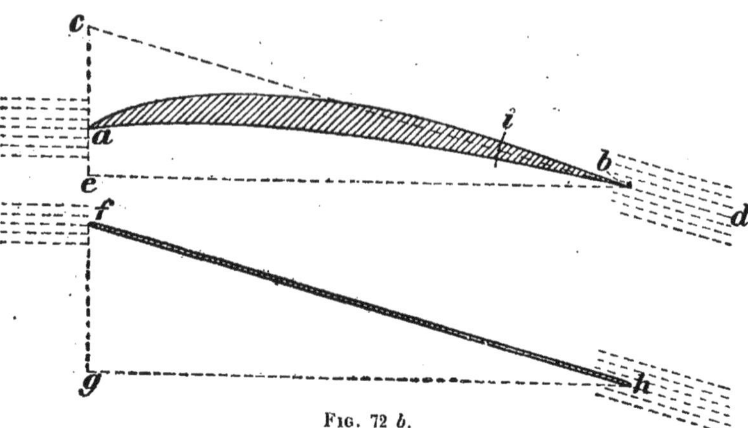

Fig. 72 *b*.

Quand un aéroplane traverse l'air, il rencontre de l'air immobile et l'abandonne animé d'une vitesse descendante. Avec un aéroplane courbe épais, comme il est indiqué, l'air suit les deux surfaces supérieure et inférieure, et la direction finale que prend l'air est la résultante de ces deux courants d'air. On remarquera que l'air prend la même direction que si l'aéroplane était plan, et élevé de *a* en *c*, ce qui revient en somme au cas indiqué en dessous en *fgh*. Cependant des expériences actuelles ont montré que la forme courbe est préférable, parce que la force ascensionnelle est mieux distribuée, et que la fraction est moindre, proportionnellement à cette force.

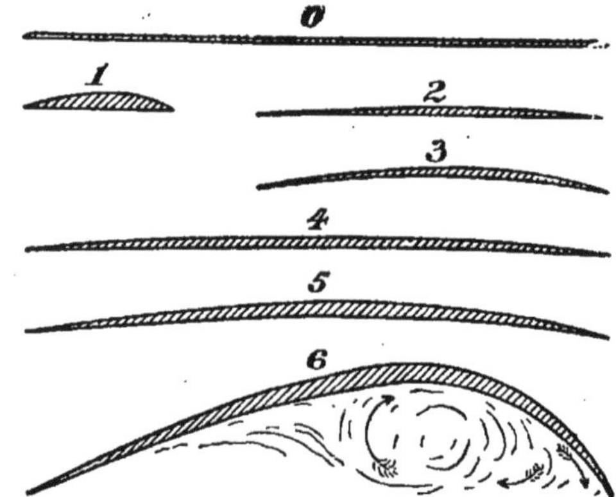

Fig. 72 *c*. — **Aéroplanes expérimentés par M. Horace Phillips.**

Dans le compte rendu que j'ai sous les yeux, les inclinaisons données aux plans ne sont pas indiquées, mais en comparant la force ascensionnelle à la traction, je présume qu'elles étaient d'environ $\frac{1}{10}$. La forme 5 semble avoir donné les meilleurs résultats, et je trouve que ce plan aurait donné une poussée ascendante de 2,2 livres par pied carré à une vitesse de 40 milles à l'heure.

EXPÉRIENCES DE PHILLIPS

FORME	VITESSE DU COURANT D'AIR		DIMENSIONS DES AÉROPLANES	FORCE ASCENSIONNELLE		TRACTION		QUOTIENT LIFT : DRIFT
	Pieds par seconde	Milles par heure		Pour tout l'aéroplane	Livres par pied carré	Pour tout l'aréoplane	Livres par pied carré	
				onces		onces		
Surfaces planes	39	26,59	16″ × 5″	9	1,013	2	0,225	4,5
Figure 1	60	40,91	16″ × 1″,25	9	4,05	0,87	0,406	10,3
— 2	48	32,73	16″ × 3″	9	1,688	8,87	0,169	10,3
— 3	44	30	16″ × 3″	9	1,688	0,87	0,169	10,3
— 4	44	30	16″ × 5″	9	1,013	0,87	0,101	10,3
— 5	39	26,59	16″ × 5″	9	1,013	0,87	0,101	10,3
— 6	27	18,41	16″ × 5″	9	1,013	2,25	0,253	4
Aile de freux	39	26,59	Surface en pieds carrés	8	1,0	1,0	0,125	8

CHAPITRE VIII

BALLONS DIRIGEABLES

I. — CONSIDÉRATIONS GÉNÉRALES

En ce qui concerne la navigation aérienne actuelle, les ballonniers ont tout accaparé jusqu'à une date tout à fait récente ; mais à présent il n'en est plus de même, et les expérimentateurs partagent leur attention à peu près également entre les ballons, ou appareils plus légers que l'air, et les machines volantes proprement dites, ou plus lourdes que l'air.

Il n'y a pas, dans toute la nature, d'oiseau ni d'insecte qui ne vole à l'aide de la seule énergie dynamique, et je ne crois pas du tout que le temps soit éloigné où ceux qui défendent encore le plus léger que l'air viendront grossir les rangs des partisans du plus lourd que l'air, et où finalement les ballons seront totalement abandonnés [1].

De quelque point de vue qu'on examine la question, le ballon est impropre au service qu'on en réclame, et ne semble guère, d'ailleurs, susceptible de perfection-

1. A côté de l'opinion un peu radicale de l'auteur, il est sans doute permis d'admettre la coexistence de deux genres d'appareils ; de même que les fiacres n'ont pas supprimé les omnibus, les aéroplanes et les ballons correspondent à des aspects différents du problème général et à des conditions d'emploi bien distinctes (G. E.).

nements. Au contraire, la machine volante n'en est qu'à ses débuts et a devant elle tout un avenir de progrès, au cours duquel un vaste champ est ouvert devant l'invention mécanique et spéculative.

Je ne saurais mieux m'exprimer aujourd'hui que jadis, dans un article inséré dans l'*Engineering-supplément* du *Times*, dont je transcris ici les lignes suivantes :

« Les résultats des récentes expériences doivent avoir convaincu tout homme réfléchi que le temps du ballon est passé. Un ballon, selon la vraie nature des choses, doit être extrêmement volumineux et fragile ; or, il a toujours paru à l'auteur qu'il serait absolument impossible de faire un ballon dirigeable qui puisse fournir quelque service, même par un vent relativement faible. L'expérience, en effet, a montré qu'à quelques centaines de pieds à peine au-dessus du sol, l'air est presque toujours en mouvement à une vitesse d'au moins 15 milles (24 kilomètres) à l'heure, et, plus de deux fois sur trois, à une vitesse encore plus grande. Pour donner au ballon une force ascensionnelle qui lui permette de porter deux hommes et un puissant moteur, il faut qu'il ait un volume énorme; et malgré tout, l'ensemble, comprenant les hommes et le moteur, doit avoir une densité moyenne plus faible que l'air ambiant, sinon il ne s'élèvera pas. Il en résulte que non seulement il y a une très grande surface exposée au vent, mais tout le système est si léger et si fragile qu'il se trouve complètement à la merci du vent et des intempéries.

« Prenons pour exemple le triomphe de l'art de l'ingénieur, le *Nulli Secundus*. L'enveloppe, qui était en forme de saucisson et avait 30 pieds (9 mètres) de diamètre, était un très beau travail, entièrement exécuté en baudruche. Le prix de cette merveilleuse enveloppe doit avoir été énorme. L'ensemble, comprenant la nacelle, le système de suspension, le moteur et les hélices, a été bien conçu et magnifiquement exécuté; cependant, en dépit de conditions si favorables, la plus petite averse suffisait à annuler complètement la force ascensionnelle — c'est-à-dire que l'enveloppe et les cordages de ce vaisseau aérien absorbaient environ 400 livres (200 kilogrammes) d'eau, et c'était plus qu'il n'en fallait pour annuler la poussée de l'air. Il suffit alors d'un petit coup de vent, survenant par surcroît, pour achever le naufrage, et le ballon redescendit honteusement à son point de départ.

« On nous annonce qu'aujourd'hui le War Office va bientôt produire un autre dirigeable semblable au *Nulli Secundus*, mais d'une capacité bien plus grande et muni d'un moteur plus puissant. Les journaux disent que l'enveloppe de ce nouveau ballon serait en forme de saucisse, avec 42 pieds ($12^m,80$) de diamètre, ce qui comporte un moteur de 100 HP, qui est censé devoir donner une vitesse de 40 milles (64 kilomètres) à l'heure, de sorte qu'avec un vent de 20 milles (32 kilomètres) à l'heure, le ballon ne parcourra que 20 milles à l'heure contre le vent. Il est probable que l'auteur de l'article ne se plaçait pas au point de vue mathématique. Comme l'équation mathématique est d'une extrême simplicité, on peut également la présenter d'une manière accessible à quiconque a la plus légère teinture de la science ou de l'art de l'ingénieur.

« La partie cylindrique de l'enveloppe aura 42 pieds ($12^m,80$) de diamètre; l'aire de la section tranversale serait donc de 1 385 pieds (128 mètres carrés). Si nous prenions un disque de 42 pieds ou 12^m,80 de diamètre, que nous le dressions dans l'air au-dessus d'une plaine unie, et que nous le supposions soumis à un vent de 40 milles (64 kilomètres) à l'heure, vitesse demandée au ballon, nous trouverions que la pression de l'air serait de 11083 livres (5020 kilogrammes) ; donc un vent soufflant à 40 milles à l'heure produirait une pression de 8 livres sur chaque pied carré du disque[1] ou 39 kilogrammes par mètre carré. Inversement, si l'air était immobile, il faudrait une puissance de traction de 11083 livres pour faire aller le ballon à 40 milles à l'heure (c'est-à-dire 5020 kilogrammes pour 64 kilomètres à l'heure).

« Quarante milles à l'heure font 3520 pieds (1066 mètres) à la minute. Nous avons donc deux facteurs : les livres de résistance rencontrée et la distance parcourue par le disque en une minute. En multipliant la pression totale sur tout le disque, exprimée en livres, par le nombre de pieds qu'il parcourt par *minute*, nous avons le nombre de pieds-livres requis pour mouvoir un disque de 42 pieds de diamètre dans l'air à une vitesse de 40 milles à l'heure, puis en divisant le produit par la puissance conventionnelle 33000, nous trouverions 1181 HP pour la puissance nécessaire à la propulsion.

« Cependant l'extrémité de l'enveloppe n'est pas un

1. Haswell donne 8 livres par pied carré comme pression du vent à 40 milles à l'heure, et l'on dit que la vérification a été faite par l'Inspection des côtes aux Etats-Unis. Moleswalt donne un chiffre légèrement plus faible; mais la nouvelle formule, d'accord avec les plus récentes expériences (expériences du Dr Stanton au Laboratoire nationale de Physique et de M. Eiffel à la Tour Eiffel), est :

$$P = 0{,}003V^2 \text{ (en unités anglaises)},$$

qui réduirait la pression à 4 livres par pied carré, et la puissance nécessaire et totale à 283 HP au lieu de 472, P étant exprimé en livres par pied carré, et V en milles à l'heure.

disque plan, mais un hémisphère, et la résistance opposée à un hémisphère par l'air est bien moindre que pour un disque plan orthogonal. Dans le *Nulli Secundus*, nous pouvons prendre 0,20 pour coefficient de résistance de la machine prise dans son ensemble, c'est-

Fig. 73. — Le ballon *Patrie*, du Gouvernement français.

à-dire que la résistance sera la cinquième partie de celle d'un disque plat. Bien entendu, nous comprenons non seulement la résistance du ballon lui-même, mais aussi celle des cordes, de la nacelle, du moteur et des hommes.

« En multipliant 1 181 par le coefficient 0,20, nous aurons 236; donc, si ce nouveau ballon était attaché à un long fil d'acier et traîné par une locomotive, la puissance nécessaire serait de 236 HP, en supposant que l'enveloppe soit capable de résister à cette vitesse

Fig. 73 *bis*. — Les principales caractéristiques du ballon *Patrie* étaient les suivantes :

Longueur....................	60 mètres
Diamètre au maître couple....	10m,30
Volume intérieur............	3 150 mètres cubes
Force du moteur.............	70 HP (Panhard-Levassor)
Nombre de tours du moteur par minute.................	1 000 à 1 100
Deux hélices, diamètre.......	2m,50
— nombre de tours	1 000.

de 40 milles à l'heure, chose extrêmement douteuse[1].

1. C'est une question de forme. La technique du ballon permet de calculer, suivant la forme, la tension de l'étoffe, et de déterminer la résistance nécessaire. (G. E.)

« Dans ces conditions, les roues motrices de la locotive ne glisseraient pas, et par suite il n'y aurait pas de perte de puissance ; mais ce n'est pas du tout le cas avec le ballon dirigeable. Les hélices de propulsion sont très petites par rapport à un dirigeable, et leur recul est largement de 50 0/0, c'est-à-dire que, pour ti-

Fig. 74. — Le ballon *Ville-de-Paris*, du Gouvernement français.

Ce ballon est un très beau travail, et passe pour le plus pratique qui ait jamais été inventé, sans excepter le ballon du comte Zeppelin. On peut se donner une idée de ses dimensions en considérant la taille des hommes qui se tiennent immédiatement au-dessous.

rer le ballon avec une vitesse de 40 milles à l'heure, les hélices devraient travailler à 80 milles à l'heure, pour le moins. Donc, tandis que 236 HP serviraient à faire marcher le ballon, il y en aurait autant de perdus dans le recul de l'hélice, c'est-à-dire, en d'autres termes, dans le refoulement de l'air. Cela ferait ainsi 472 HP au lieu de 236, pour tirer le nouveau ballon projeté à la vitesse de 40 milles à l'heure.

« On peut conclure de ce calcul que le nouveau dirigeable sera encore à la merci du vent et du temps.

FIG. 75. — Le dirigeable à carcasse d'aluminium du comte Zeppelin sortant de son hangar sur le lac de Constance.

FIG. 76. — Le *Zeppelin* en plein vol.

« Ceux qui n'ont foi que dans le ballon pour réaliser la navigation aérienne peuvent contester mes chiffres : tous les facteurs de l'équation sont extrêmement simples et bien connus, et personne n'en peut contester un seul, sauf le coefficient de résistance présumé que j'ai pris égal à 0,20. L'auteur est absolument certain que des expériences très soignées donneraient un nombre plus voisin de 0,40 que de 0,20, surtout aux grandes vitesses, quand la pression de l'air déforme l'enveloppe. La moindre poche dans l'étoffe du cône avant suffirait pour porter le coefficient à 0,50 largement, peut-être davantage. » (*Times*, 26 février 1908.)

Depuis que j'ai écrit cet article dans le *Times*, les ballons dirigeables ont réalisé, il est vrai, de nouveaux progrès. Parmi les ballons français, le type Lebaudy, demi-rigide, auquel appartenait le ballon *Patrie*, a donné aussi le dirigeable *République*, qui est d'un volume plus grand ; d'autres types tout à fait souples, à empennage pneumatique, ont vu le jour ; ce sont les ballons *Ville-de-Paris* et *Ville-de-Bordeaux*.

D'autre part, le ballon *Zeppelin*, à carcasse rigide, a donné des résultats remarquables.

Selon les descriptions données par les journaux, le *Zeppelin IV* présente la forme d'un énorme cylindre terminé par des cônes ogivaux. Il mesure 136 mètres de longueur avec un diamètre de 13 mètres, donnant un volume de 13000 mètres cubes.

Il comporte une carcasse en aluminium, formée de méridiennes maintenues transversalement au moyen de quinze cerceaux rendus rigides par des rais analogues à ceux d'une roue de bicyclette. Cette carcasse est ainsi naturellement divisée en seize compartiments où sont logés des ballons à gaz ayant, sauf ceux des extrémités, la forme de cylindres plats.

Le tout est enveloppé d'une chemise en coton qui assure la forme extérieure, maintenue par la carcasse, sans l'intervention de la tension du gaz des ballons élémentaires.

Grâce à cette permanence de la forme extérieure et

Fig. 77. — Le nouveau ballon militaire anglais *Dirigeable n° 2.*

à la grande longueur de l'ensemble, le rapport de l'allongement au diamètre étant de 10,46, tandis que, dans les autres types, ce rapport ne dépasse généralement pas 6, l'inventeur a pu réduire la résistance à un minimum non réalisé jusque-là, et, comme le ballon est d'un grand volume, malgré le poids considérable de la carcasse métallique, la force ascensionnelle disponible (5000 kilogrammes) permet d'employer des moteurs très puissants (220 chevaux) et des hélices d'un grand diamètre.

Le nombre des voyageurs peut être également assez élevé, et la provision d'essence donne au ballon un grand rayon d'action. Cette provision atteint 2000 litres d'essence et assure 30 heures de marche, avec 800 litres d'eau.

C'est ainsi que le *Zeppelin IV*, parti de son hangar flottant sur le lac de Constance, le 4 août 1908, put faire un voyage de 31^{h}15^m, dont 20^{h}45^m de marche effective, mais avec deux escales imprévues, la première après un parcours de 379 kilomètres. Il avait passé audessus de Bâle, Strasbourg, Mannheim, Mayence, revenant sur Stuttgart. C'est près de cette ville, à Echterdingen, qu'il subit sa deuxième panne, où, pendant qu'il était campé, le ballon fut saisi par une violente bourrasque qui rompit ses amarres et arracha les piquets d'attache. Malgré les efforts des soldats qui le retenaient, le *Zeppelin* fut enlevé, l'arrière se dressant en l'air.

L'énorme masse fut entraînée vers un verger, en se déchirant sur les arbres, et soudain une flamme jaillit à l'avant, suivie d'une violente explosion, et, en un instant, le dirigeable ne présenta plus que des débris fumants, sa carcasse tordue et brisée.

Cette catastrophe détermina une véritable douleur patriotique en Allemagne, où s'ouvrit aussitôt une souscription nationale qui va permettre de créer toutes une flottille de *Zeppelins*.

Malgré la grande confiance qu'on témoigne ainsi, en Allemagne, aux dirigeables du type rigide, les aéronautes français continuent dans la voie tracée par le général Meunier, le colonel Renard, l'ingénieur Julliot et les créateurs du type *Ville-de-Paris*, dont les dirigeables ne demandent la permanence des formes de carène qu'à la tension même du gaz de gonflement.

Ces techniciens persistent à croire que des ballons analogues au *Patrie* ou au ballon *Ville-de-Paris* présentent sur les types rigides tels que le *Zeppelin* des avantages suffisants pour qu'on accorde la préférence aux premiers. Si l'on considère, en effet, ce fait que le *Zeppelin*, malgré ses formidables dimensions, doit être encore plus léger que l'air déplacé, il devient évident qu'un appareil si volumineux doit être d'une extrême fragilité et d'une destruction facile au moindre choc.

Naturellement, on ne doit tenter d'ascensions que par un temps très propice; mais il faut toujours prévoir qu'au cours du voyage il peut se lever un coup de vent ou un grain. On peut certes partir toujours par un beau temps — il suffit pour cela d'une attente plus ou moins longue; — mais s'il s'agit d'exécuter un vol de vingt-quatre heures ou même de douze, le vent peut souffler très fort au retour, et, même sans dépasser les limites de violence qu'on relève dans les circonstances les plus normales et les plus ordinaires, le vent suffira alors non seulement à empêcher un tel ballon de rentrer au port, mais encore à le détruire complètement, comme il est arrivé le 5 août 1908.

Cet inconvénient subsiste d'ailleurs pour des dirigeables de dimensions plus faibles que celles du *Zeppelin*, et l'on se souvient que le *Patrie* avait été également la proie de la bourrasque, le 27 novembre 1907. Toutefois l'on peut dire que, pour un tel ballon, le dégonflement, effectué au moment propice, le soustrairait au danger, tandis que la carcasse rigide du *Zeppelin* laisserait celui-ci toujours en prise au vent, aux efforts duquel la carcasse elle-même ne saurait résister.

Sans entrer dans plus de détails sur les ballons français ou sur les autres dirigeables souples, la conclusion n'en est pas moins que les dirigeables, à quelque type qu'ils appartiennent, seront toujours le jouet des vents, et je tiens ferme pour mon opinion que la maîtrise définitive de l'atmosphère appartiendra au *plus lourd que l'air*.

II. — UNE PROPOSITION DU MAJOR BADEN-POWELL

A l'époque où le *Zeppelin IV*, avant sa catastrophe, venait d'accomplir un raid de douze heures, le *Daily Mail* du 11 juillet a publié un article où le major Baden-Powell énumérait les six unités qui allaient composer la flotte de *croiseurs aériens*, ou dirigeables allemands.

C'étaient :

Le *Zeppelin III* (rigide) ;

Le *Zeppelin IV* (rigide), que le Gouvernement allemand devait acheter 2500000 francs, après l'épreuve d'un parcours de vingt-quatre heures sans escale;

Le dirigeable militaire du major Gross (semi-rigide);

L'ancien dirigeable de la Société d'études des dirigeables (souple);

Le ballon souple du major von Parseval, construit par la même Société;

Le nouveau dirigeable récemment sorti des ateliers de la Compagnie électrique Siemens-Schuckert, et dont les détails sont encore gardés secrets. La Société a engagé le célèbre aéronaute militaire, capitaine von Krogh, pour le commander.

Quant au dirigeable souple de la Société d'études, il

devait être acheté par le ministère de la Guerre dès l'accomplissement de ses voyages d'épreuves.

Depuis lors, la perte du *Zeppelin IV* a provoqué un effort patriotique qui va créer une véritable flotte de ballons de ce type.

Quoi qu'il en soit, on voit que, dès le début, l'Allemagne devait posséder des ballons des trois systèmes concurrents : rigide, semi-rigide et souple, ce qui devait permettre, on l'espérait, d'établir leurs mérites respectifs.

Le *Daily Mail* continuait ainsi :

« Il n'y a guère que quelques années, nos autorités (britanniques) parlaient de la navigation aérienne au point de vue militaire comme d'une étude « intéressante et instructive ». Aujourd'hui, nous devons considérer la question comme la plus grave de l'heure actuelle.

« Les plus habiles aéronautes d'Angleterre devraient être appelés sans délai à faire un projet de dirigeable non seulement égal au *Zeppelin*, mais encore plus rapide (sa vitesse moyenne était évaluée à 34 milles à l'heure environ). C'est la vitesse qui déciderait de la suprématie en cas de guerre. De deux dirigeables en lutte l'un contre l'autre, le plus rapide déjouera l'autre et le tiendra à sa merci. »

III. — MAITRISE DE L'AIR. — UN RÊVE ALLEMAND UN DÉBARQUEMENT DE 350 000 HOMMES

Pour compléter ces indications sur l'importance éventuelle du rôle réservé aux ballons dirigeables, en temps de guerre, je citerai encore quelques mots de M. Rudolph Martin, auteur d'ouvrages sur la guerre aérienne, et notamment d'un opuscule sous ce titre : *Une guerre mondiale est-elle imminente?*

Il y explique comment l'Angleterre est en train de perdre son caractère insulaire, du fait du développement des dirigeables et des aéroplanes.

« Dans une guerre générale, écrit-il, l'Allemagne aurait à dépenser cinq milliards de francs en dirigeables, et autant en aéroplanes, pour transporter 350 000 hommes, en une demi-heure et pendant la nuit, de Calais à Douvres. Même aujourd'hui le débarquement d'une grande armée allemande en Angleterre n'est qu'une question d'argent. Je suis opposé à une guerre anglo-allemande ; mais, si elle éclatait aujourd'hui, elle durerait au moins deux ans, car nous ne poserions pas les armes avant que les armées allemandes eussent occupé Londres.

« A mon avis, il nous faudrait deux ans pour construire assez de dirigeables pour jeter d'un seul coup 350 000 hommes sur Douvres, *via* Calais.

« Pendant la même nuit, bien entendu, un deuxième transport de 350 000 hommes pourrait s'effectuer. Le récent dirigeable *Zeppelin* peut aisément transporter cinquante personnes de Calais à Douvres. Les dirigeables que les ateliers Zeppelin, à Friedrichshafen, auront construits d'ici quelques mois seront probablement beaucoup plus grands que le numéro IV, et pourront porter une centaine de personnes. Il n'y a pas de raison technique qui s'oppose à ce qu'il soit construit des dirigeables Zeppelin de 30000 mètres cubes ou même 45000 mètres cubes de capacité, c'est-à-dire deux ou trois fois plus volumineux que le numéro IV qui mesure 13000 mètres cubes.

« Je suis actuellement en train d'organiser une « Ligue aérienne » allemande pour l'établissement en Allemagne de routes de trafic aérien. Des navires aériens en aluminium pourraient assurer des transports réguliers entre Berlin et Londres, Paris, Cologne, Munich, Vienne, Moscou, Copenhague et Stockholm. En temps de guerre, ces dirigeables seraient à la disposition de l'Empire allemand.

« Les développements de la navigation aérienne conduiront à une alliance perpétuelle entre l'Angleterre et l'Allemagne. La flotte britannique continuera à régner sur les mers, tandis que les dirigeables et les armées aériennes de l'Allemagne représenteront la plus grande force du continent européen. » (*Daily Mail*, 11 juillet 1908.)

Il est inutile de dire que ce qui précède fut écrit avant la catastrophe du *Zeppelin*.

Depuis de longues années, des techniciens et des mathématiciens nous disaient que la navigation aérienne était un problème parfaitement susceptible d'une solution. Ce n'est là, disaient-ils, qu'une question de puissance motrice.

« Donnez-nous un moteur qui soit assez léger et assez puissant, et nous vous donnerons sans tarder une machine volante pratique. »

Une oie domestique pèse environ 6 kilogrammes, et on a estimé qu'elle ne dépense, en volant, qu'un douzième de cheval-vapeur environ, — c'est-à-dire que, sous un poids de 6 kilogrammes seulement, elle peut développer la puissance d'un homme, ce qui fait beaucoup d'honneur à l'oie. D'ailleurs, actuellement, nous savons construire des moteurs qui développent la puissance de dix hommes — c'est-à-dire un cheval-vapeur — sous un poids inférieur à celui d'un volatile de basse-cour ordinaire. Dans ces conditions, il est bien évident que, si l'on peut construire une machine qui n'absorbe pas trop de puissance inutile, on aura résolu le problème.

Il est admis par des savants que tous les animaux, tels que les chevaux, les daims, les chiens, et aussi les oiseaux, sont capables de développer beaucoup plus d'énergie dynamique relativement au carbone qu'ils brûlent, que n'importe laquelle de nos machines thermodynamiques. On peut dire que beaucoup d'animaux peuvent développer toute l'énergie dynamique du carbone qu'ils consument, tandis que le meilleur de nos moteurs n'arrive pas à développer plus de 10 0/0 de l'énergie contenue dans les combustibles qui l'alimentent; mais, à côté de cela, on doit rappeler que les oiseaux se nourrissent d'herbes, de fruits, de poissons, etc., corps lourds et volumineux qui ne contiennent qu'une faible proportion de carbone, tandis que, dans l'alimentation d'un moteur, nous pouvons employer un hydrocarbure à l'état de pureté, qui renferme dans ses atomes plus de vingt fois autant d'énergie par kilogramme que les aliments ordinaires dont se nourrissent les oiseaux. Je pense et même j'affirme que, en raison des progrès réalisés dans la construction des moteurs, le temps est arrivé maintenant où il sera simple et profitable de monter des usines et de fabriquer des machines volantes à meilleur marché que les voitures automobiles. En fait, rien ne s'oppose aujourd'hui au succès.

La valeur d'une machine volante bien réussie, considérée au point de vue purement militaire, ne peut être prisée trop haut. La machine volante a fait son apparition — et son apparition définitive, — et, que cela nous plaise ou non, elle pose une question qui doit être prise au sérieux. Si nous tardons, nous serons sans aucun doute laissés en arrière, avec de fortes chances de voir la mappemonde remaniée avant qu'il ait passé beaucoup d'années sur nos têtes.

APPENDICE

RÉCAPITULATION D'ANCIENNES EXPÉRIENCES

Dans mes anciennes expériences faites avec mon manège[1], les aéroplanes ou sustentateurs employés

Fig. 78. — Photographie d'un modèle de ma machine, montrant les gouvernails horizontaux d'avant et d'arrière et les sustentateurs superposés.

avaient de 1ᵐ,20 à 1ᵐ,80 de large. Ils étaient construits en majeure partie au moyen de minces pièces de sapin,

1. « Whirling table ». Nom donné par le professeur Langley à un appareil consistant en un long bras rotatif auquel sont attachés les objets à expérimenter.

légèrement concaves du côté inférieur et convexes du côté supérieur; les deux bords avant et arrière étaient très minces. En général je leur donnais une inclinaison de $\frac{1}{14}$[1], de sorte que, en avançant de 14 pieds (4m,20), ils faisaient descendre l'air de 1 pied (0m,30). Avec ce dispositif, je trouvai qu'avec une poussée d'hélice de 5 livres (2kg,50), l'aéroplane lèverait :

$$5 \times 14 = 70 \text{ livres ou } 32 \text{ kilogrammes,}$$

tandis que, si le même plan était incliné à $\frac{1}{10}$, la force ascensionnelle était presque de 50 livres (5 × 10) ou

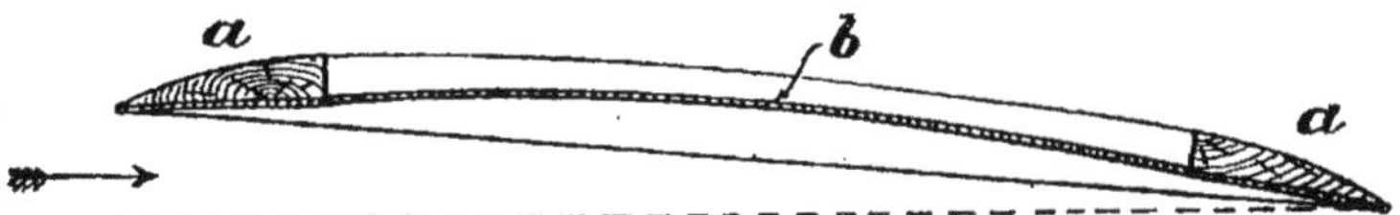

Fig. 79. — Le sustentateur recouvert d'étoffe employé dans les expériences. Le rendement de ce sustentateur n'était que 40 0/0 de celui d'un bon sustentateur en bois.

23 kilogrammes. Ceci montrait que le frottement superficiel sur ces aéroplanes très minces, lisses et bien construits, était si faible qu'il constituait un facteur négligeable. Mais dès qu'il y avait la plus petite irrégularité dans la forme des sustentateurs, la force ascensionnelle était notablement diminuée par rapport à la poussée de l'hélice. Avec un bon plan de bois incliné à $\frac{1}{14}$, j'arrivais à faire porter plus de 113 livres (51 kilogrammes) par HP, tandis qu'avec un sustentateur cons-

1. Je préfère exprimer l'angle de cette manière plutô qu'en degrés.

titué par un bâti de bois recouvert avec une étoffe de coton (*fig.* 79), je n'arrivais qu'à 40 livres (18 kilogrammes) par HP[1].

Ces faits, rapprochés d'autres expériences que j'avais pratiquées avec de grands sustentateurs, démontraient, à mon sens, qu'il ne serait pas très facile de réaliser un grand sustentateur à bon rendement. Si, en effet, je

FIG. 80.

Le gouvernail avant de ma grande machine, montrant l'étoffe fixée sur la face inférieure. La face supérieure était également recouverte d'étoffe. Ce gouvernail considéré en tant qu'aéroplane avait un rendement très élevé et fonctionnait tout à fait bien.

parvenais à obtenir la rigidité nécessaire en faisant mon appareil en planches, il se trouverait beaucoup

1. La puissance réellement consommée par le sustentateur proprement dit s'obtenait comme suit : la machine servant aux expériences était lancée à la vitesse voulue sans sustentateur; on notait soigneusement la poussée de l'hélice et la puissance absorbée. Puis on attachait le sustentateur et on lançait de nouveau la machine à la même vitesse. La différence entre les deux lectures donnait la puissance absorbée par le sustentateur seul.

rop lourd, pour le but poursuivi — et, d'autre part, si j'arrivais à la légèreté nécessaire en employant un bâti d'acier recouvert de soie ou de coton, de la manière ordinaire, la torsion serait si grande qu'il faudrait une puissance exagérée pour le mouvoir à travers l'air.

Je me résolus donc à réaliser une forme de sustentateur entièrement nouvelle. Je construisis une grande charpente d'acier disposée de telle manière que les bords antérieur et postérieur étaient constitués par des fils d'acier bien tendus. Cette charpente était munie d'un certain nombre de légères poutres armées longitudinales, en bois, semblables à celles de la figure 80. La face inférieure était recouverte de toile à ballon fixée aux bords, et retenue aussi par deux lignes de cordons longitudinaux. Cette toile était très bien tendue et légèrement vernie, mais pas assez pour la rendre absolument imperméable à l'air. La face supérieure de cette charpente était recouverte avec la même sorte de tissu, mais vernie jusqu'à imperméabilité complète. Les faces supérieure et inférieure étaient alors lacées ensemble, de façon à donner des bords très tranchants, à l'avant et à l'arrière, et la face supérieure était solidement assujettie aux légères poutres armées en bois, avant d'être rabattues.

En lançant ce sustentateur, je constatai qu'une certaine quantité d'air passait à travers la face inférieure et donnait lieu à une pression entre les parois supérieure et inférieure. Cet air emprisonné pressait le revêtement supérieur de bas en haut, formant ainsi des plis longitudinaux qui ne présentaient pas de résistance appréciable à l'air, tandis que l'étoffe inférieure, soumise à la même pression sensiblement dans les deux sens, n'était nullement déformée. Ce sustentateur accusa presque un aussi bon rendement que s'il avait été taillé dans une pièce de bois. On verra par la figure que ce grand sustentateur ou sustentateur principal, est sensiblement octogonal, sa plus grande largeur étant de 50 pieds (15 mètres) et son aire totale de 1500 pieds carrés (139 mètres carrés).

Expériences faites avec une grande machine. — En lançant ma grande machine sur le rail

Fig. 81.

Vue de la voie employée dans mes expériences. La machine était lancée sur la voie d'acier, de 9 pieds d'écartement, et des rails en bois, de 35 pieds d'écartement, l'empêchaient de se soulever.

(*fig.* 81), le sustentateur principal étant seul en place, je constatai qu'on pouvait obtenir une force ascensionnelle de 3000 à 4000 livres (1500 kilogrammes en moyenne) avec une vitesse de 37 à 42 milles (60 à 67 kilomètres) à l'heure.

Il n'était pas toujours facile de s'assurer avec exactitude de la force ascensionnelle correspondant à une vitesse donnée, à cause du vent qui soufflait le plus souvent. Dans mes premières expériences, je trouvais qu'en lançant ma machine assez vite pour que la force ascensionnelle s'élevât à près de 1000 livres (450 à 500 kilogrammes) au-dessus du poids total de la machine, je pouvais être presque sûr qu'elle quitterait les rails au moindre souffle de vent. Il me fallait par conséquent trouver un moyen de la maintenir sur son rail. Mon premier essai consista à attacher quelques roues de fonte très lourdes, pesant avec leurs essieux et leurs connections 1 tonne et demi environ. Elles étaient construites de telle manière que les légères roues frettées qui supportaient la machine sur les rails d'acier pouvaient s'élever de 6 pouces (15^{cm}) au-dessus de la voie, laissant les roues lourdes encore au contact du rail, pour guider la machine. Ce dispositif fut expérimenté à diverses reprises, la machine allant assez vite pour soulever l'extrémité antérieure au-dessus de la voie. Cependant je rencontrais une très grande difficulté au lancement et à l'arrêt rapide, à cause du grand poids et de la quantité d'énergie nécessaire pour faire tourner d'aussi lourdes roues à une grande vitesse. La dernière expérience avec ces roues eut lieu par vent debout d'environ 10 milles à l'heure (16 kilomètres). Ce vent était assez variable, et comme la machine allait à sa plus grande vitesse, un coup de vent subit souleva non seulement l'extrémité antérieure, mais aussi les roues lourdes de l'avant, entièrement au-dessus des rails, et la machine tombant sur le sol mou fut bientôt bousculée par le vent. Je disposai alors un rail de sûreté de 3 × 9 pouces, en pin de Géorgie, placé à environ 2 pieds ($0^m,60$) au-dessus des rails d'acier; l'écartement était de 30 pieds (9 mètres) pour la voie de bois et de 9 pieds ($2^m,70$) pour la voie d'acier (*fig.* 81).

La machine fut ensuite munie de quatre roues supplémentaires placées sur des bâtis robustes, et ajustées de façon que, lorsque l'élévation au-dessus du rail atteignait un bon pouce (3 centimètres environ), ces roues supplémentaires vinssent en contact avec la voie supérieure en bois[1].

L'équipement complet de ma grande machine comprenait cinq longs sustentateurs étroits en saillie sur les côtés. Ceux qui étaient fixés à côté des sustentateurs principaux avaient 27 pieds (8 mètres) de long, ce qui portait la largeur totale de la machine à 104 pieds (31 mètres). La machine était également munie de deux gouvernails, l'un à l'avant, l'autre à l'arrière, construits sur le même plan général que les plans principaux. Quand tous les sustentateurs étaient en place, la surface totale de poussée s'élevait à environ 6000 pieds carrés (557 mètres carrés). D'ailleurs, je n'ai jamais lancé la machine avec tous les plans en position.

Mes dernières expériences furent faites avec les sustentateurs principaux, les gouvernails d'avant et d'arrière, et les plans de dessus et de dessous en position, ce qui donnait une aire totale de 4000 pieds carrés (517^{m2}). La machine ainsi équipée, plus les 600 livres (300 litres) d'eau du réservoir et de la chau-

1. J'avais interposé des ressorts entre la machine et les essieux. La course de ces ressorts était d'environ 4 pouces ($0^m,10$); par conséquent, quand la machine était au repos, les roues portées sur bâtis étaient à environ 5 pouces (12 à 13 centimètres) au-dessous de la voie supérieure.

dière, l'huile de naphte et trois hommes à bord, pesait en totalité près de 8 000 livres (3 640 kilogrammes). Le premier lancement dans ces conditions eut lieu

FIG. 82. — La machine sur les rails est reliée au dynamomètre.

avec une pression de vapeur de 150 livres par pouce carré (10 atmosphères), par un calme plat; les roues inférieures reposaient toutes quatre constamment sur le rail, les neuf roues montées sur bâti étant en contact avec la voie supérieure. Le second lancement eut lieu avec une pression de vapeur de 240 livres par pouce carré (16 atmosphères). En cette occasion, la machine sembla osciller entre les deux voies. Environ trois des

Fig. 83.

Deux dynamomètres enregistreurs donnant, le premier un diagramme de la poussée ascendante sur l'essieu principal, l'autre, ce même diagramme pour l'essieu d'avant. Grâce à ce dispositif, je connaissais la force ascensionnelle exacte à toutes les vitesses, et je pouvais arranger mes sustentateurs de façon que le centre de poussée ascendante fût directement au-dessus du centre de gravité. Les cylindres enregistreurs faisaient un tour pour 2000 pieds (600 m.).

roues supérieures vinrent en contact à la fois, le poids de la machine ne portant plus, pour ainsi dire, sur la voie d'acier inférieure.

Je préparai alors un troisième lancement avec presque toute la puissance motrice.

La machine fut reliée à un dynamomètre (*fig.* 82),

et les moteurs furent lancés avec une pression d'environ 200 livres par pouce carré (14 atmosphères). On admit alors peu à peu la vapeur, avec les soupapes d'étranglement grandes ouvertes; la pression monta rapidement, et quand elle atteignit 310 livres (21 atmosphères), le dynamomètre marqua une poussée d'hélice de 2100 livres [1], mais il faut y ajouter 64 livres environ pour tenir compte de la rampe de la voie. La poussée véritable était donc de 2164 livres (955 kilogrammes).

Afin de maintenir la poussée des hélices aussi constante que possible, j'avais placé une petite soupape de sûreté — de 3/4 pouce (2 centimètres) — dans le tuyau qui amenait la vapeur à l'un des moteurs. Cette soupape était calculée de façon à lâcher une légère bouffée de vapeur à chaque coup de piston avec une pression de 310 livres par pouce carré (21 atmosphères) et avec un jet constant à la pression de 320 livres par pouce carré (22 atmosphères). Comme les soupapes et les tuyaux de vapeur de ces moteurs étaient très larges, et que la vitesse du piston n'était pas excessive, je croyais qu'en maintenant constante la pression de vapeur, la poussée de l'hélice resterait, elle aussi, presque constante; en effet, quand la machine avance et que les hélices se mettent à tourner un peu plus vite, il faut une quantité de vapeur supplémentaire que l'on peut obtenir à l'aide d'une plus grande arrivée de masse gazeuse.

Quand tout fut prêt et des observateurs attentifs postés des deux côtés de la voie, l'ordre de « lâchez tout » fut donné. L'énorme poussée des hélices lança la machine

1. La quantité d'eau qui entrait dans la chaudière à ce moment-là était si grande qu'elle dépassait la limite de l'indicateur d'alimentation,

si vite que les ingénieurs faillirent tomber à la renverse, et la machine bondit sur les rails à toute allure. Ayant observé une légère diminution de la pression de vapeur, je lâchai plus de gaz, quand presque aussitôt la vapeur se mit à souffler d'une manière continue par

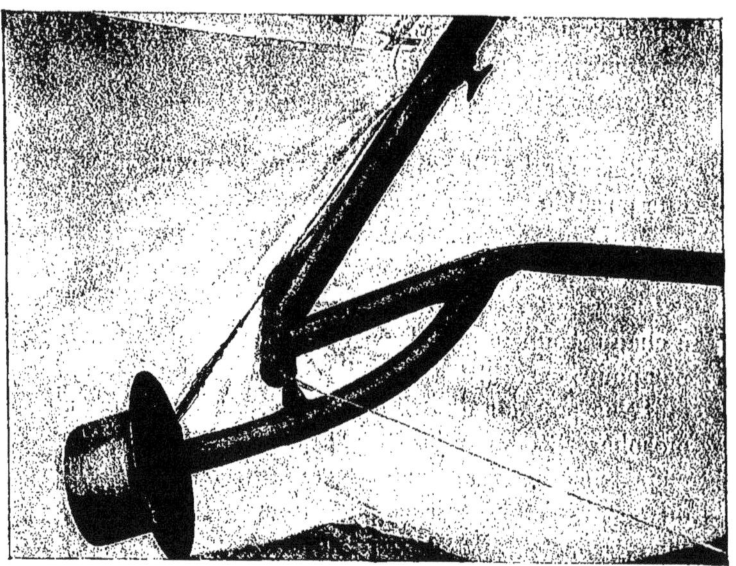

Fig. 84. — La roue équipée qui céda et fut cause d'un accident.

la petite soupape de sûreté, indiquant ainsi que la pression de vapeur s'élevait au moins à 320 livres (22 atmosphères) dans les tuyaux d'alimentation. Avant ce lancement, les roues supérieures avaient été peintes, et l'un de mes aides était chargé de les observer tandis qu'un autre observait les indicateurs de pression et les enregistreurs (*fig.* 83). La première partie de la voie était en rampe légère ; mais la machine quitta nettement les rails inférieurs, et toutes les roues supérieures vinrent au contact de leurs rails quand il y eut environ 600 pieds (180 mètres) de parcourus. La vitesse monta rapidement et, après un parcours de 270 mètres, un des essieux d'arrière, qui étaient en tubes d'acier de 2 pouces

FIG. 85. — Les planches brisées et la catastrophe qu'elles causèrent. On remarquera que les roues s'enfoncèrent directement dans le sol sans quitter la voie.

(5 centimètres), plia (*fig*. 84) et laissa l'arrière de la machine entièrement libre. Les crayons traversèrent de part en part les cylindres des dynamographes et se fichèrent dans la paroi interne. L'arrière de la machine, laissé libre, s'éleva fortement au-dessus de la voie et fit bascule. Au bout de 1 000 pieds (300 mètres) environ, la roue gauche d'avant quitta, elle aussi, nettement la voie supérieure et,

peu après, la roue droite d'avant s'enleva à 100 pieds environ (30 mètres) au-dessus de la voie supérieure. La vapeur fut aussitôt coupée et la machine plongea directement vers le sol, incrustant ses roues dans le terrain mou (*fig.* 85 et 86), sans laisser d'autres marques, ce qui montre d'une manière absolument con-

FIG. 86. — L'état de la machine après l'accident.

On voit une des planches brisées qui formaient la voie supérieure. On remarquera que les roues se sont enfoncées directement dans le sol sans abandonner les rails, ce qui montre que la machine ne courait nullement sur le sol, avant de s'arrêter, mais qu'elle tomba bien nettement.

cluante que la machine était complètement suspendue en l'air avant de venir à terre.

Dans cet accident, un des madriers de sapin formant la voie supérieure traversa complètement la charpente inférieure de la machine et brisa un certain nombre de tubes; mais la machinerie n'eut pas à souffrir, sauf une légère avarie à une hélice (*fig.* 87).

Dans mes expériences avec mon petit appareil pour déceler la puissance nécessaire au vol artificiel, je constatai que l'angle le plus avantageux de beaucoup, pour mes sustentateurs, était de $\frac{1}{14}$; mais quand je fis ma

FIG. 87. — L'hélice endommagée par les planches brisées, ainsi qu'un trou fait par des éclats ayant atteint l'aéroplane principal.

grande machine, je les plaçai sous un angle de $\frac{1}{8}$, de façon à pouvoir obtenir une grande poussée ascendante, à une vitesse modérée sur un faible parcours. Dans les expériences qui amenèrent l'accident que j'ai relaté ci-dessus, la force ascensionnelle totale de ma machine a dû être d'au moins 10000 livres (5000 kilogrammes). Toutes les roues supérieures qui avaient été préalablement peintes furent entièrement dépouillées de leur peinture ; elles avaient tracé une marque sur le bois, ce qui montrait nettement qu'elles s'étaient élevées avec une force considérable[1]. En outre, l'effort né-

Fig. 88. — La dernière forme de roues sur agrès qui ait été employée.

cessaire pour plier les essieux était largement de 1000 livres (500 kilogrammes) pour chacun d'eux, sans considérer la poussée ascendante agissant sur les essieux des roues d'avant, qui, n'ayant point cédé, avaient brisé la voie supérieure.

Les avantages de la traction des sustentateurs dans

1. La dernière forme de roues supérieures équipées est indiquée figure 84.

de l'air renouvelé, dont l'inertie n'a pas encore été troublée, sont clairement mis en évidence par ces expériences. La force ascensionnelle des plans était de 2,5 livres par pied carré (12 kilogrammes par mètre carré). Un plan chargé d'un poids égal tomberait dans l'air avec une vitesse de 23,36 milles (35 kilomètres) par heure, d'après la formule en unités anglaises :

$$\sqrt{200P} = V.$$

Mais comme les plans étaient inclinés de $\frac{1}{8}$ et que la machine allait à 40 milles (64 kilomètres) à l'heure, les plans ne faisaient descendre l'air qu'avec une vitesse de 5 milles à l'heure $\left(\frac{40}{8} = 5\right)$ ou 8 kilomètres. Une chute de 5 milles à l'heure sans avancer n'exercerait qu'une pression de 0,125 livre par pied carré, d'après la formule :

$$V^2 \times 0{,}005 = P\,^1.$$

Les ingénieurs et les mathématiciens qui ont écrit pour prouver que les machines volantes étaient impossibles, ont généralement évalué le rendement des aéroplanes en mouvement dans l'air, en se basant sur ce que la poussée ascendante serait égale à la pression d'un vent soufflant contre le plan à la vitesse à laquelle l'air était chassé vers le bas par le plan lorsqu'il vole dans l'air. D'après ce mode de raisonnement, mes 4000 pieds carrés d'aéroplanes n'auraient eu qu'une force ascensionnelle de 0,125 livre par pied carré, et,

1. C'est l'ancienne formule de Haswell. La relation de ces expériences est de l'automne 1894, et elle emploie la formule de Haswell. J'ai préféré ne rien changer.

pour avoir levé 10000 livres, il aurait fallu que leur surface eût été vingt fois plus grande. Ceci correspond exactement à l'erreur que le professeur Langley a trouvé dans la formule de Newton.

Avec des sustentateurs de moitié moins larges que ceux que j'employais, animés d'une vitesse deux fois plus grande, l'angle pourrait être bien diminué, et

FIG. 89. — Un couple de mes machines compound.

Le moteur pesait 310 livres (140 kg.) et développait 180 HP, avec 320 livres de pression de vapeur par pouce carré (21 atmosphères).

les avantages du parcours en vitesse entretenue dans de l'air renouvelé seraient encore plus manifestes. Avec une poussée d'hélice de 2000 livres, la pression de l'air sur chaque pied carré de la surface projetée des ailes d'hélice est de 21,3 livres, tandis que la pression sur toute la surface des cercles des hélices est de 4 livres par pied carré, ce qui semblerait indiquer qu'avec des hélices de cette taille quatre ailes vaudraient mieux que deux.

Les moteurs étaient, comme je l'ai dit, du type compound (*fig.* 89). La surface du piston de haute pression est de 50,26 pouces carrés (324 centimètres carrés). Les deux pistons ont une course de 12 pouces (0^m,30). Avec une pression de 320 livres à la chaudière, la pression sur le piston à basse pression est de 125 livres par pouce carré. Cette pression, d'une hauteur anormale dans le cylindre à basse pression, est due à ce fait qu'il y a beaucoup de jeu dans le cylindre à haute pression, pour prévenir toute secousse au cas où l'eau traverserait quand la machine s'abat; en outre, la vapeur dans le cylindre à haute pression est fermée aux trois quarts de la course, tandis que, dans le cylindre à basse pression, la fermeture a lieu aux $\frac{5}{8}$ de la course. Si nous évaluons la puissance de ces moteurs pour la pleine admission de la vapeur pendant un tour, sans aucun frottement et sans contre-pression sur le cylindre à basse pression, elle s'élèverait en totalité à 461,36 HP à la vitesse à laquelle marchaient ces moteurs, à savoir 375 tours par minute. Si nous évaluons la puissance réelle absorbée par les hélices, en multipliant leur poussée qui est probablement de 2000 livres (1000 kilogrammes) en plein fonctionnement, par leur pas, 16 pieds (4^m,80), et par leur nombre de révolutions par minute, puis en divisant le produit par 33000 :

$$\frac{2000 \times 16 \times 375}{33000} = 363{,}63,$$

nous trouvons que nous avons 363,63 HP réellement fournis aux hélices de la machine; d'où il résulte qu'il y a plutôt moins de 22 0/0 de perte dans les moteurs, perte due à la fermeture de la vapeur avant la fin de chaque tour, à la pression arrière et au frottement.

La puissance réelle fournie étant de 363,63 chevaux, il est intéressant de voir ce qu'elle devient. Quand la machine a parcouru 40 milles (son parcours d'une heure), les hélices ont parcouru 68,1 milles :

$$\frac{375 \times 16 \times 60}{5280} = 68,1\,;$$

par conséquent 150 HP sont perdus dans le recul et 213,63 HP sont absorbés par la traction de la machine dans l'air. Maintenant, comme les plans étaient inclinés à $\frac{1}{8}$, la puissance réelle employée à soulever la machine est de 133,33, et la perte due à la traction du corps de la machine, du bâti et des fils, est de 90,30 chevaux.

D'où, en résumé :

Puissance perdue dans le recul de l'hélice..	150 HP
Puissance perdue dans la traction de la machinerie et du bâti	80,30
Puissance réelle employée pour soulever la machine..............................	133,33
Puissance totale fournie par les moteurs ..	363,63

Avantages et inconvénients des plans très étroits. — Mes expériences ont démontré que des aéroplanes relativement étroits ont une force ascensionnelle par pied carré plus élevée que les aéroplanes très larges; mais, comme tout sustentateur, si étroit soit-il, doit nécessairement avoir une certaine épaisseur, il n'y a pas avantage à les grouper à intervalles trop faibles. Supposons qu'il s'agisse de sustentateurs de $\frac{1}{4}$ de pouce ($0^{m},0063$) d'épaisseur, superposés à intervalles de 3 pouces ($0^{m},0762$), — c'est-à-dire donnant un entr'axe

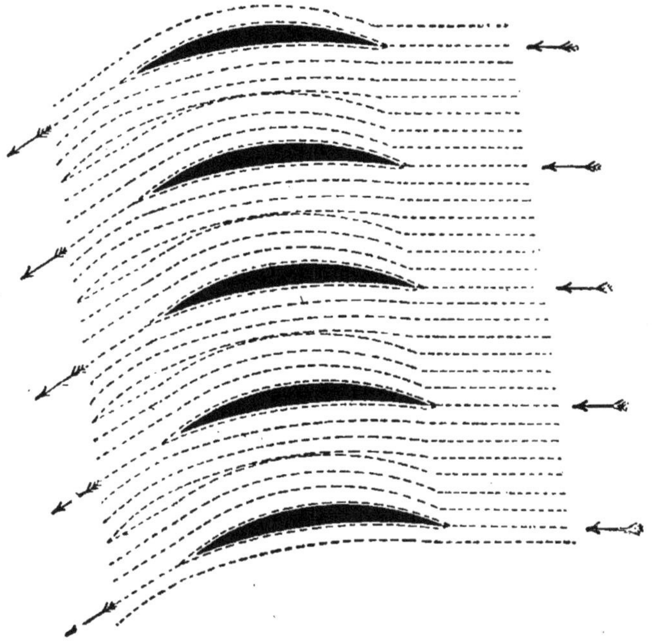

Fig. 90. — Le trajet que prendrait l'air en passant entre des sustentateurs superposés à petits intervalles. Cette disposition augmente considérablement la traction.

de 3 pouces — la douzième partie de l'espace total où se déplacent ces sustentateurs serait occupée par les plans eux-mêmes, et les onze autres douzièmes par de l'air (*fig.* 90). Si un groupe de plans ainsi disposés était entraîné à travers l'air à 36 milles par heure, l'air serait entraîné en avant à 3 milles, sinon il serait comprimé, ou laminé, et passerait entre les intervalles avec une vitesse de 39 milles à l'heure. Cependant la différence de pression est si faible que, pratiquement, il ne se produit pas de compression atmosphérique. Par suite, l'air est entraîné en avant à la vitesse de 3 milles à l'heure, ce qui absorbe une grande quantité de puissance; en fait, cette quantité

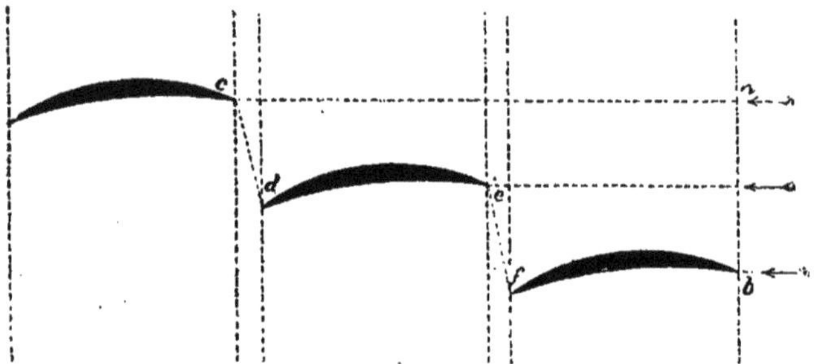

Fig. 91. — Position de sustentateurs étroits disposés de manière que l'air passe librement entre eux; cette disposition a été reconnue comme supérieure à celle qui consiste à les superposer à la façon d'une jalousie.

est telle qu'il y a nettement désavantage à employer des sustentateurs étroits ainsi disposés.

En ce qui concerne la courbure des aéroplanes étroits, j'ai trouvé que si l'on désire lever un poids considérable relativement à la surface, les plans doivent être très concaves sur leur face inférieure ; mais, quand on considère la force ascensionnelle au point de vue de la poussée de l'hélice, j'ai trouvé qu'il convenait d'avoir des plans aussi minces que possible, et presque plats sur leur face inférieure. J'ai aussi reconnu qu'il y a grand avantage à disposer les sustentateurs de la manière indiquée par la figure 91. Dans cette disposition, la somme de tous les intervalles entre les plans est égale à l'aire totale occupée par les plans ; conséquemment, l'air ne reçoit ni compression qui le lamine, ni mouvement descendant. Je puis donc, à l'aide de ce dispositif, produire une grande force ascensionnelle par pied carré, et, en même temps, maintenir la poussée de l'hélice dans les limites raisonnables.

M. Horace Phillips fit à Harrow, en Angleterre, un grand nombre d'expériences avec des aéroplanes très

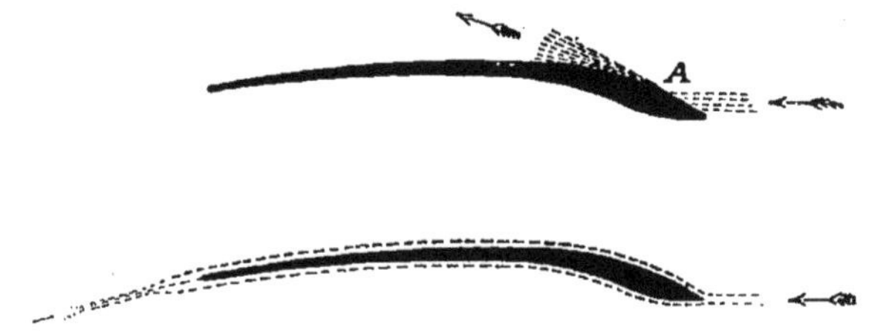

Fig. 92. — Les aéroplanes très étroits, dits « sustentateurs », de M. Phillips.

Il pensait que l'air, en frappant en A, était réfléchi de la manière indiquée; mais il n'en est rien. En réalité, l'air suit la surface, comme l'indique la ligne pointillée du deuxième dessin.

étroits. La figure 88 montre une coupe transversale d'un de ses plans. M. Phillips pense que l'air, qui vient frapper la face supérieure du plan, est réfléchi vers le haut de la manière indiquée, d'où un vide partiel sur la partie centrale de la face supérieure, et par suite, croit-il, une poussée ascendante bien plus énergique qu'avec un plan étroit ordinaire. J'ai expérimenté moi-même ces *sustentateurs*, comme les appelle M. Phillips[1] : il est parfaitement vrai qu'ils atteignent parfois une force ascensionnelle de 39 kilogrammes par mètre

1. C'est aussi l'appellation le plus généralement adoptée en France.

carré[1], mais cette force ne se produit pas exactement comme M. Phillips semble le croire. L'air n'est nullement réfléchi de la façon indiquée. Quand le sustentateur frappe l'air, deux courants se forment : l'un suit exactement le contour de la face supérieure, l'autre celui de la face inférieure ; les deux courants se réunissent et sont chassés vers le bas, par rapport au sustentateur, suivant la bissectrice de l'angle formé par les deux courants primitifs au moment de leur rencontre. Ces sustentateurs peuvent être construits de manière à avoir une force ascensionnelle, même lorsque le bord avant est plus bas que le bord arrière, parce qu'ils rencontrent de l'air calme et l'abandonnent animé d'un mouvement de descente.

Dans mes expériences sur les plans étroits superposés, j'ai toujours constaté qu'avec des feuilles de métal mince, tranchantes sur les deux bords et un peu incurvées, la force ascensionnelle, pour une même poussée d'hélice, était toujours plus grande qu'avec tous les dispositifs d'aéroplanes en bois employés dans les expériences de Phillipps. Il semblerait donc qu'il n'y a pas d'avantage à employer cette forme particulière des « sustentateurs »:

Si l'on avait un aéroplane parfaitement plat sur la face inférieure et convexe de l'autre côté, en le disposant dans l'air de façon que sa face inférieure fût exactement horizontale, il y aurait production d'une poussée ascendante, quelle que soit la direction du mouvement imprimé, puisque, en avançant, il rencontrerait toujours de l'air immobile qu'il diviserait en

1. Dans mes premières expériences, je soulevais jusqu'à 8 livres par pied carré (39 kilogrammes par mètre carré) avec des sustentateurs qui n'avaient qu'une courbure légère, mais très minces et très tranchants.

deux courants. Le courant supérieur, ne pouvant fuir tangentiellement au moment où il rencontre le sommet de la courbe, redescend et va rejoindre le courant tangent à la face inférieure horizontale. L'angle suivant lequel le courant résultant se dirige en quittant le plan est la résultante de ces deux directions; par suite, comme le plan trouve l'air encore immobile, et l'abandonne animé d'un mouvement de descente, le plan lui-même se soulèvera. Il est vrai qu'on peut faire de petits aéroplanes étroits doués d'une force ascensionnelle par mètre carré bien supérieure à celle de très grands aéroplanes; mais on est loin de pouvoir leur garantir la même sécurité contre les chutes rapides en cas d'arrêt ou d'avarie dans les machines. Au contraire, avec un grand aéroplane convenablement disposé, une chute rapide et désastreuse est absolument impossible.

Rendement des hélices de propulsion.—Commande; stabilité, etc. — Avant d'aborder mes expériences de Baldwyn's Park, je tentai de réunir quelques renseignements sur l'action des hélices de propulsion aérienne. Je vins à Paris et vis l'appareil que le Gouvernement français employait pour les essais de rendement des hélices; mais ces hélices étaient si mal faites que ces expériences étaient sans valeur.

Je consultai alors un expérimentateur anglais qui avait consacré sa vie à cette question; il m'assura que je trouverais dans l'hélice un organe de très mauvais rendement, grand dépensier de puissance et que toutes les hélices de propulsion avaient une grande action de tourbillonnement, aspirant l'air vers leur centre et le rejetant avec une grande force à la périphérie.

Je constatai ainsi qu'il n'y avait pas deux observateurs d'accord sur l'action des hélices. Toutes les données, toutes les formules dont on pouvait faire état étaient si discordantes et si contradictoires qu'elles en perdaient toute espèce de valeur.

Selon certains expérimentateurs, on ne devait considérer, dans l'évaluation de la poussée d'hélice, que la surface de projection de l'aire des ailes, et la poussée était égale à celle que produirait un vent soufflant contre un plan normal de surface égale, avec une vitesse égale au recul. Selon d'autres, il fallait considérer tout le cercle couvert par l'hélice dans sa rotation; la poussée était alors égale à celle que produirait un vent soufflant contre un plan normal de surface égale à la surface totale de ce cercle, avec la vitesse du recul.

L'aire projetée des deux ailes d'hélice de ma machine est de $8^{m^2},73$ et l'aire des deux cercles correspondants est de $46^{m^2},45$. D'après le premier raisonnement, la poussée d'hélice de ma grande machine, quand elle est lancée à 40 milles (64 kilomètres) à l'heure avec un recul de 18 milles (29 kilomètres), aurait donc été (en employant la formule bien connue) en mesures anglaises :

$$18^2 \times 0{,}005 \times 94 = 152{,}28 \text{ livres ou } 69 \text{ kilogrammes.}$$

Au contraire, en considérant toute la surface du cercle, elle aurait été de :

$$18^2 \times 0{,}005 \times 500 = 810 \text{ livres ou } 367 \text{ kilogrammes.}$$

Or, quand ma machine était lancée sur les rails à cette vitesse-là, la poussée observée était sensiblement supérieure à 2000 livres ou 906 kilogrammes. Quand la machine était assujettie à la voie et que les hélices tournaient à une vitesse telle que le produit du pas, exprimé en pieds, par le nombre de tours par minute, fût égal à 68 milles à l'heure (108 kilomètres), on observait une poussée d'hélice de 2164 livres (980 kilogrammes). Dans ce cas, bien entendu, tout était recul, et, quand les hélices avaient fait quelques tours, elles avaient établi un courant d'air bien défini et la puissance développée par le moteur n'avait plus qu'à entretenir ce courant d'air. Il est intéressant de noter que, si nous évaluions l'aire projetée de ces ailes par la formule précédente, la poussée serait de :

$$68^2 \times 0{,}005 \times 94 = 2173{,}28 \text{ livres ou } 984 \text{ kilogrammes,}$$

ce qui correspond presque exactement à la lecture fournie par l'expérience.

Quand je commençai mes premières expériences avec une grande machine, je n'avais pas la moindre idée précise du genre de chaudière, de générateur de gaz, ou de brûleur que j'adopterais en fin de compte ; non plus que de la taille, du pas, du diamètre des hélices qui seraient les plus avantageux ; non plus encore que de la forme d'aéroplane définitive. Il me fallait donc bâtir le support ou plate-forme de ma machine de façon qu'elle me permît de faire les modifications indispensables. C'est pourquoi ce support est sensiblement plus important qu'il n'est nécessaire, et je vois que si j'avais à recommencer une machine entièrement nouvelle, je pourrais réduire beaucoup le poids du bâti, et, mieux encore, la force nécessaire à sa traction dans l'air.

Actuellement, le corps de ma machine est un grand cadre, d'environ 2^{m},4 sur 12 mètres. Chaque face est formée de très longues poutres armées en tubes d'acier, raidis dans tous les sens par de solides fils d'acier. Ces poutres armées, qui donnent la rigidité, sont toutes situées sous la plate-forme. En faisant le projet d'une

FIG. 93. — Une des grandes hélices en position.
Sa taille peut être estimée par comparaison à l'homme.

nouvelle machine, je ferais les poutres armées plus hautes et en même temps bien plus légères, et, au lieu de les mettre sous la plate-forme qui supporte la chaudière, je les construirais de manière à ce qu'ils entourent complètement la chaudière et la plus grande partie des machines[1]. Je rendrais la section transversale du bâti rectangulaire et terminerais celui-ci en pointe à chaque bout. Je recouvrirais enfin très soigneusement la face externe avec de l'étoffe à ballon, de manière à lui donner une surface parfaitement lisse et unie, facilitant la traction dans l'air.

En ce qui concerne les hélices, je puis à présent monter des propulseurs de 5^{m},35 de diamètre (*fig.* 93). Je crois, d'ailleurs, que ma machine aurait un bien meilleur rendement si les hélices avaient 7 mètres de diamètre et qu'avec d'aussi grandes hélices, quatre palettes vaudraient beaucoup mieux que deux.

Ma machine peut être gouvernée à droite et à gauche en faisant tourner une des hélices plus rapidement que l'autre. Des soupapes d'étranglement très commodes ont été prévues pour faciliter ce mode de direction. Un gouvernail vertical ordinaire placé juste en arrière des hélices peut, d'ailleurs, être d'un usage plus commode, sinon plus économique.

La machine est munie de gouvernails horizontaux d'avant et d'arrière, tous deux reliés au même treuil.

En vue d'assurer la stabilité de l'appareil, le centre de gravité est situé très au-dessus du centre de poussée ; en outre les ailes supérieures font entre elles un angle tel que, à toute inclinaison transversale de la machine vers la droite ou vers la gauche, la force ascensionnelle augmente sur l'aile la plus basse et diminue sur l'aile la plus haute. Ce simple dispositif réalise ainsi l'équilibre automatique pour ce qui concerne le roulis. Je pense que, dès qu'une machine

1. Ce dispositif pour le bâti est maintenant commun à toutes les machines qui réussissent.

volante est mise en service, il est nécessaire de la gouverner verticalement par un appareil de direction contrôlé par un gyroscope. Il n'y aura certainement pas plus de difficulté pour manœuvrer et équilibrer de telles machines qu'il n'y en a pour diriger les torpilles entièrement immergées.

La machine une fois parachevée, elle n'aura pas besoin de rails de roulement pour acquérir la vitesse nécessaire au vol. Il suffira d'un court parcours sur un champ à peu près uni. Pour ce qui est de l'atterrissage, l'aviateur doit toucher terre pendant qu'il progresse, et la machine s'arrêtera, après avoir parcouru en glissant une faible distance sur le sol. Il n'y aura ainsi qu'une très petite secousse, tandis que si l'on arrête la machine en l'air et qu'on la laisse tomber directement à terre sans lui imprimer de mouvement en avant, le choc, même s'il n'est pas assez fort pour offrir à l'homme quelque danger, peut suffire pour déranger ou avarier la machinerie.

Valeur comparative de différents genres de moteurs. — Je n'ai parlé jusqu'à présent que de la navigation aérienne réalisée à l'aide de propulseurs mus par une machine à vapeur. Les moteurs que j'emploie sont du type dit « compound » — c'est-à-dire qu'ils ont un grand et un petit cylindre. La vapeur entre sous une très forte pression dans le cylindre à haute pression, se détend et s'échappe sous une pression plus basse dans un cylindre plus grand, où elle se détend de nouveau en fournissant un supplément de travail. Le moteur compound économise mieux la vapeur que le moteur ordinaire, et par suite il exige une chaudière moins volumineuse, à puissance égale, si bien qu'en ajoutant le poids global de l'eau et du combustible consommés en un temps donné, à celui de la chaudière et du moteur, ce poids total est plus faible pour un moteur compound que pour un moteur simple. Mais, si l'on ne considère que le poids du moteur seul, alors le moteur simple développe plus de puissance par unité de poids que le moteur compound.

Par exemple, si, au lieu de faire entrer la vapeur dans le petit cylindre, puis de la faire passer dans le grand cylindre ou cylindre à basse pression — ce qui exige que le piston à haute pression soit soumis à une contre-pression égale à la pression maxima agissant dans le cylindre à basse pression — si, dis-je, je reliais les deux cylindres directement avec la vapeur vive, en ouvrant l'échappement direct dans l'air, j'aurais ainsi un couple de moteurs simples qui, au lieu de 363 HP, en développerait 500, soit presque 2 HP par kilogramme de leur poids. J'indique ceci pour montrer que les moteurs sont excessivement légers, et que, lorsqu'on les compare aux moteurs simples, il faut évaluer leur puissance sur la même base. On remarquera en conséquence que, si nous négligeons le supplément de vapeur, la quantité de combustible et d'eau qui lui sont nécessaires, le moteur à vapeur simple est un moteur excessivement léger.

Mais, comme on l'a vu plus haut, les moteurs à pétrole ont reçu récemment de grands perfectionnements. J'ai beaucoup réfléchi à la question, et je pense que si l'on disposait de fonds illimités, il y aurait grand profit à instituer des expériences en vue d'adapter le moteur à pétrole aux machines volantes. Avec un moteur à vapeur, il faut une chaudière, et la chaudière est toujours une chose bien encombrante et bien lourde à traîner dans l'air. Avec un moteur à pétrole, plus de chaudière, et la quantité de chaleur communiquée à l'eau de refroidissement ne sera plus que la septième partie de celle qui est transportée par l'eau de condensation d'un moteur à vapeur de même puissance.

Par suite, on n'a plus besoin que d'un condenseur sept fois moins grand, partant plus léger, qu'on pourra constituer à l'aide de tubes placés à plus grands intervalles, d'où réduction de la puissance nécessaire à la traction de la machine. En outre, la provision d'eau nécessaire sera notablement réduite, et l'on pourra employer un pétrole moins coûteux et plus dense, ce qui réduira les risques d'incendie en cas d'accident.

La question n'est plus alors que de savoir si on peut construire un moteur à pétrole aussi léger qu'un moteur à vapeur. Un moteur à pétrole, en effet, pour répondre à la question, doit être, avec sa provision d'eau, aussi léger qu'une machine à vapeur complète, qui comprend non seulement le moteur, mais encore la chaudière, les pompes d'alimentation, la provision d'eau, le brûleur, le générateur de gaz, et les six septièmes du condenseur. Ceci exige une machine à vapeur et une chaudière très parfaites, ne consommant pas à vide, capable de développer un cheval-vapeur en brûlant 600 à 700 grammes de pétrole par heure; mais il y a nombre de moteurs à pétrole qui développent cette même puissance avec une consommation sensiblement inférieure à 450 grammes à l'heure.

On voit donc que, en ce qui concerne le combustible, le moteur à pétrole a un avantage marqué sur la machine à vapeur, appareil plus compliqué d'ailleurs. En outre, avec un moteur à pétrole, l'eau de refroidissement n'est pas sous pression, de sorte que la déperdition d'eau sera bien moindre qu'avec un moteur à vapeur, dans lequel la pression est si grande qu'elle donne lieu à une perte considérable par les joints et les nombreuses boîtes à étoupe.

Les grands progrès réalisés dans ces dernières années en électricité et en construction mécanique ont fait croire à beaucoup de gens qu'on pouvait résoudre les problèmes les plus ardus par l'électrotechnique; on a beaucoup écrit et parlé sur la réalisation de la navigation aérienne par l'emploi des machines volantes mues électriquement.

Avant de commencer mes expériences, je fis des recherches dans tous les établissements de construction électrique importants, où il pouvait y avoir quelque chance de trouver des moteurs électriques légers et économiques; je n'en pus trouver aucun qui fût capable de développer d'une matière continue un cheval-vapeur sous un poids inférieur à 70 kilogrammes. Depuis ce temps, bien qu'il ait paru dans les journaux beaucoup d'articles sur le rendement et la légèreté des moteurs électriques, j'en suis encore à découvrir une maison qui soit prête à fournir un moteur complet, y compris une batterie primaire, capable de fournir le courant nécessaire pour deux heures consécutives, et pesant moins de 70 kilogrammes par cheval-vapeur — et, autant que je puisse le savoir par ce que j'ai vu moi-même, il n'y a pas de moteur en service pratique qui pèse, avec sa batterie d'accumulateurs, moins de 150 kilogrammes par cheval-vapeur. Le dernier moteur électrique que j'ai examiné était à bord d'un navire; il était actionné par une batterie primaire, qui pesait plus de 500 kilogrammes par cheval-vapeur.

Tout cela m'amène à penser que nous ne pouvons pas demander à l'électricité de nous fournir un bon moteur d'aviation.

Du choix d'un moteur. — Admettons comme point de départ que les oiseaux, auxquels nous pouvons joindre ici tous les autres animaux considérés en tant que machines thermodynamiques — sont des moteurs parfaits; ils développent toute l'énergie théorique renfermée dans le carbone qu'ils absorbent. Voilà ce qu'il nous est tout à fait impossible de réaliser avec une machine artificielle; mais les oiseaux se contentent pour la plupart d'une nourriture qui n'est pas très riche en carbone. Il est bien vrai qu'un oiseau peut développer de 10 à 50 fois plus de puissance relativement en carbone consommé que la meilleure des machines à vapeur; mais, en revanche, une machine à vapeur peut consommer du pétrole, lequel contient au moins vingt fois plus d'unités thermales par kilogramme que la nourriture ordinaire des oiseaux. Les mouvements d'ailes de ceux-ci ont sans doute, depuis de si longues années de sélection, atteint un haut degré de perfection. Les oiseaux se gouvernent à travers l'air avec une très petite dépense d'énergie. Tenter d'imiter par des moyens mécaniques le mouvement précis et délicat de leurs ailes, ce serait certainement une tâche très difficile et je ne crois pas du tout que nous devions viser à ce but en construisant une machine volante. Dans la nature, tout animal est nécessairement fait d'une pièce. Il ne peut donc être question de rotation pour une ou plusieurs parties de son corps. Pour les animaux terrestres, toute la question est de savoir si les pattes constituent le meilleur système de locomotion possible; mais ici, dans nos machines que nous ne sommes pas forcés de faire tout d'une pièce, nous savons que les roues sont bien supérieures comme action et comme rendement.

L'animal le plus rapide ne peut soutenir que pendant une minute une vitesse moitié moindre que celle d'une locomotive, tandis que la locomotive peut maintenir sa vitesse pendant plusieurs heures. Les plus grands animaux terrestres ne pèsent que 5 tonnes environ, tandis que les plus grandes locomotives atteignent de 60 à 80 tonnes. Dans la mer, le plus grand animal pèse environ 75 tonnes, tandis que les transatlantiques ordinaires en pèsent de 4000 à 14000. Sans doute la baleine peut se maintenir à une grande vitesse pendant quelques heures de suite; mais le steamer moderne peut se maintenir à une vitesse encore plus grande pendant de longs jours consécutifs.

De même que les machines artificielles de locomotion terrestres et aquatiques ont été établies sur des plans infiniment plus robustes et plus vastes que les animaux terrestres et aquatiques, de même les machines aériennes devront être bien plus lourdes et plus robustes que l'oiseau le plus grand.

Si l'on cherche à mouvoir de telles machines avec des ailes, on s'attaquera à un problème aussi difficile que celui de faire une locomotive à pattes. Ce qu'il faut pour une machine volante, c'est quelque chose qui puisse recevoir et restituer directement et d'une façon continue une très grande quantité d'énergie, sans intervention de leviers ou d'articulations, et nous trouvons cela réalisé dans l'hélice de propulsion.

*
* *

Quand le moteur à gaz Brayton fit son apparition, je commençai le projet d'une machine volante, en me servant d'un moteur Brayton modifié en vue du but à atteindre; mais ce moteur, modifié lui-même, fut encore trop lourd, et ce ne fut qu'après avoir abandonné le système de l'hélice à axe vertical qu'il me fut possible d'établir le projet d'une machine qui, théoriquement, devait voler.

La machine que je considérai ensuite fut une machine du système cerf-volant ou aéroplane. Elle devait également être mue par un moteur à pétrole. Les moteurs à pétrole de cette époque n'étaient pas aussi simples que ceux d'aujourd'hui, et, en outre, le système de combustion était très lourd, encombrant et incertain. Depuis ce temps, d'ailleurs, les moteurs à pétrole et à gaz ont reçu de très nombreux perfectionnements, et la combustion dans le cylindre, qui est presque universellement en usage, a réalisé une très grande simplification, de sorte qu'à présent je crois qu'on pourrait établir un moteur à pétrole qui conviendrait au problème.

En 1889, mon attention fut attirée sur des tubes très minces, robustes, et relativement peu coûteux, qui étaient fabriqués en France, et ce ne fut qu'après avoir vu ces tubes que j'envisageai sérieusement la construction d'une machine volante. Je m'en procurai une grande quantité et les trouvai très légers, capables de résister à des pressions énormes et de produire une très grande quantité de vapeur. Je traitai toute la question au point de vue mathématique, et j'en pus conclure qu'il serait possible de faire une machine du genre aéroplane mue par un moteur à vapeur et assez puissante pour se soulever dans l'air. Je me mis à établir les dessins d'une machine à vapeur, et il en fut plus tard exécuté deux. Ces moteurs sont pour la plus grande partie construits en acier fondu, avec des cylindres de $\frac{3}{32}$ de pouce d'épaisseur seulement, des arbres coudés creux, le tout aussi robuste et aussi léger que possible. Ils sont du type compound, chacun ayant un piston de haute pression de 20 pouces carrés, un piston de basse pression de 50, 26 pouces carrés, avec une course commune de 1 pied. Au moment de leur achèvement, ils pesaient 300 livres chacun; mais, avec le graisseur, le feutre, la peinture et après avoir apporté quelques légères modifications, le poids s'éleva à 320 livres pour chacun, soit un total de 640 livres pour les deux moteurs, lesquels ont depuis développé 362 HP avec une pression de vapeur de 320 livres par pied carré. On trouvera (*fig.* 89) une photographie de l'un de ces moteurs.

***

Quand je fis le projet de ce moteur, je ne savais pas du tout combien j'en tirerais de chevaux-vapeur. Je me disais qu'il pourrait être nécessaire, dans certains cas, de laisser entrer directement la vapeur à haute pression dans le cylindre de basse pression; mais, comme cela aurait entraîné une perte considérable, je construisis une sorte d'injecteur. Cet injecteur peut être ajusté de telle sorte que, lorsque la vapeur de la chaudière dépasse une certaine pression, soit 300 livres par pouce carré, elle ouvre d'elle-même une soupape et s'échappe du cylindre de haute pression, au lieu de fuir par le clapet de sûreté. En s'échappant par cette soupape, la vapeur subit une chute de pression d'environ 200 livres par pouce carré; le jet agit sur la vapeur ambiante qu'il entraîne dans le tuyau, d'où, sur le cylindre à basse pression, une pression considérablement plus haute que la contre-pression agissant sur le piston à haute pression. Ainsi on récupère une partie du travail qui serait autrement perdue, et il est possible, avec une provision illimitée de vapeur, de faire développer aux moteurs une puissance énorme.

Expériences sur la chaudière[1]. — La première chaudière que je construisis était, dans une certaine mesure, construite selon le principe de Herreshoff; mais au lieu d'avoir un tuyau simple dans un très long manchon, j'employai une série de tuyaux très petits et très légers, reliés de telle manière qu'il y avait une circulation rapide à travers l'ensemble — les tubes croissant en taille et en nombre suivant la production de vapeur. Je comptais que la pression sur l'eau d'alimentation excéderait de plus de 100 livres celle qui correspondait au côté de la vapeur et je pensais que cette

1. Le chauffage du générateur Maxim était effectué au moyen d'un mélange d'air et de vapeur d'un hydrocarbure liquide : gazoline, naphte, benzine, kérosine, etc. L'inventeur s'était arrêté au procédé de carburation basé sur l'entraînement mécanique de l'air par la vapeur combustible; mais il a fait de nombreuses expériences pour régulariser la carburation; on sait, en effet, que celle-ci varie, d'ordinaire, avec les circonstances de la marche, la durée de fonctionnement du carburateur. la quantité de brûleurs alimentés, la densité de l'hydrocarbure, la température, etc. Il conviendrait, au contraire, que l'appareil s'adaptât de lui-même aux circonstances et c'est à quoi sir Hiram Maxim s'est efforcé d'atteindre. Voir à ce sujet : *Revue de l'Aéronautique*, 1892.

G. E.

différence de pression serait suffisante pour assurer une circulation directe et positive dans chaque tube de la série. Cette première chaudière était excessivement légère, mais la main-d'œuvre, pour l'assemblage des tubes, était fort mauvaise, et il me fut impossible de ménager la provision d'eau de manière à la transformer en vapeur sèche, sans surchauffer et détériorer les tubes.

Avant de construire une nouvelle chaudière, je me procurai une quantité de tubes de cuivre, d'environ 8 pieds de long, $\frac{3}{8}$ de pouce de diamètre extérieur, et $\frac{1}{50}$ de pouce d'épaisseur. Je soumis une centaine de ces tubes à une pression intérieure de 1 tonne par pouce carré obtenue avec de l'huile de kérosine froide ; pas un ne présenta de fuite. Je n'en expérimentai aucun autre, et commençai mes expériences, en portant quelques-uns d'entre eux au rouge blanc dans un foyer à pétrole. Je constatai que je pouvais évaporer jusqu'à 26,5 livres d'eau par pied carré de surface de chauffe en une heure, et que, avec une circulation forcée, il n'y avait pas de surchauffe à craindre, bien que le débit d'eau fût très faible, mais certain. Je fis de nombreuses expériences sous une pression de plus de 400 livres par pouce carré; tous les tubes tinrent bon. Je mis alors un tube isolément dans un foyer chauffé à blanc, toujours avec circulation d'eau, la rupture ne se produisit que sous une pression de vapeur de 1650 livres par pouce carré. Une grande chaudière, ayant environ 800 pieds carrés de surface de chauffe, y compris le réchauffeur d'eau d'alimentation, fut alors construite. On la voit figure 94. Elle a environ 4,5 pieds de large à la base, 8 pieds de long et 6 pieds de haut. Avec son enveloppe, son dôme, son tuyau de fumée, et ses connections, son poids est légèrement inférieur à 1000 livres L'eau passe d'abord à travers un réseau de petits tubes. — $\frac{1}{4}$ de pouce de diamètre et $\frac{1}{60}$ de pouce d'épaisseur | placés au haut de la chaudière, immédiatement au-

Fig. 94. — Chaudière à vapeur employée dans nos expériences.

Avec cette chaudière, je pouvais aisément produire toute la vapeur qu'il était possible d'employer — et sous toute pression, jusqu'à 400 livres par pouce carré.

dessus des gros tubes qu'on ne voit pas sur la gravure. Ce réchauffeur de l'eau d'alimentation se montra très efficace.

Il utilise la chaleur des produits de la combustion après qu'ils ont traversé la chaudière, réduit convenablement et notablement leur température, tandis que l'eau d'alimentation entre dans la chaudière à la température de 250° F. (121° C.). Une circulation forcée est maintenue dans la chaudière, l'eau d'alimentation entrant par une soupape à ressort calculée de manière que la pression de l'eau dépasse toujours de 30 livres par pouce carré la pression dans la chaudière. Cette chute de pression de 30 livres agit sur l'eau chaude ambiante qui a déjà traversé les tubes, et la fait descendre par un tuyau vertical extérieur, assu-

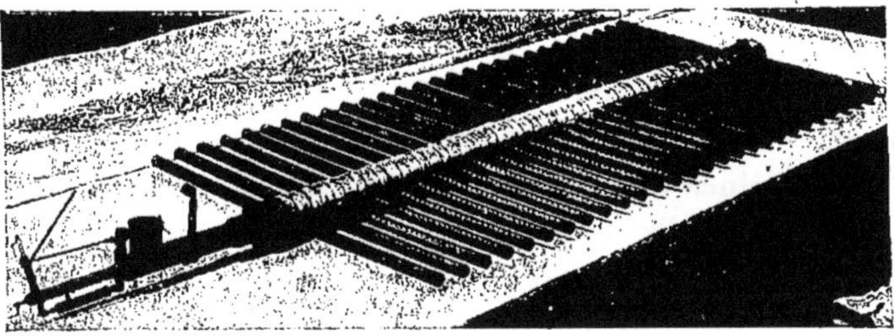

FIG. 95. — Le brûleur employé dans mes expériences de vaporisation. Il donne une flamme violacée dense et uniforme, de 20 pouces de largeur.

rant ainsi une circulation positive et rapide dans tous les tubes. Cet appareil fonctionnait extrêmement bien. Un petit tube de verre muni d'un bouton mobile à la partie supérieure indique exactement combien delivres d'eau passent par heure dans la chaudière. De cette manière, le mécanicien est à même de reconnaître d'un coup d'œil, non seulement si les pompes fonctionnent, mais encore dans quelle mesure.

L'eau peut être considérée comme douée d'un pouvoir de condensation pour la vapeur 2400 fois plus grand que celui de l'air, à volume égal. Quand un condenseur doit employer l'eau comme agent de refroidissement, on peut rassembler dans une chambre un grand nombre de tubes étroits, faire aspirer l'eau à l'un des bouts de la chambre, et la faire expulser à l'autre bout par des orifices relativement petits ; mais quand on doit employer l'air, les tubes qui constituent la surface de refroidissement doivent être largement distribués, de manière à leur donner contact avec une grande quantité d'air, et que l'air qui s'est une fois réchauffé au contact d'un tube n'en vienne jamais frapper un autre.

Pour y parvenir, je donnai à mon condenseur la forme d'une sorte de jalousie, les tubes étant en cuivre mince et chaque tube ayant la forme d'un aéroplane étroit. Ils se déplaçaient obliquement dans l'air, de sorte que le volume réel d'air qui passait entre eux était quelques milliers de fois plus grand que le volume d'eau qui traverse un condenseur de navire. Je constatai qu'avec un tel condenseur je pouvais récupérer toutes les cinq minutes un poids d'eau égal à celui de tous les tubes de cuivre, et dans un intervalle de temps moitié moindre, en me servant d'aluminium. En outre, les expériences ont montré qu'on peut fabriquer un condenseur de façon qu'il soutienne dans l'air un poids bien supérieur au sien propre avec celui de son contenu, et de façon que toute la vapeur soit condensée en eau assez froide pour qu'on puisse la pomper sans crainte. Je trouvai que la meilleure position pour le condenseur est immédiatement en arrière des hélices de propulsion. Si dès lors la machine fend l'air avec une vitesse de 50 milles à l'heure et que le recul des hélices soit de 15 milles à l'heure, il s'ensuivra que l'air traversera le condenseur à 65 milles à l'heure. A cette vitesse, la poussée ascendante, agissant sur les aéroplanes étroits qui constituent le condenseur, est très grande, et en même temps la vapeur se condense très rapidement. Les tubes sont placés sous une inclinaison telle qu'ils sont toujours complètement égouttés et

FIG. 96. — L'aéroplane Wright en plein vol.

qu'il ne peut s'accumuler d'huile, la vapeur entrant par le haut et l'eau s'écoulant par le bas.

Expériences faites avec de petites machines attachées à un manège. — Ces expériences démontrèrent de la manière la plus concluante qu'on pourrait, avec un cheval-vapeur, soutenir et porter jusqu'à 133 livres, et que l'hélice est un excellent propulseur aérien. Elles démontrèrent aussi qu'un bon aéroplane, incliné à $\frac{1}{14}$, se soulèverait avec une force sensiblement quarante fois supérieure à la poussée horizontale requise pour se mouvoir dans l'air, et que le frottement superficiel sur un aéroplane ou sur une hélice lisse et bien finie était négligeable. Je mis en expérience un grand nombre d'aéroplanes, et je vis que ceux qui étaient légèrement concaves sur leur face inférieure, et convexes sur leur face supérieure, avec deux bords très tranchants et une surface bien lisse et régulière, étaient les meilleurs.

FIN

TABLE SYSTÉMATIQUE DES MATIÈRES

TABLE ALPHABÉTIQUE

BIBLIOTHÈQUE NATIONALE
R.F.
IMPRIMÉS

TABLE DES FIGURES

TOURS. — IMPRIMERIE DESLIS FRÈRES

TOURS. — IMPRIMERIE DESLIS FRÈRES.

www.ingramcontent.com/pod-product-compliance
Ingram Content Group UK Ltd.
Pitfield, Milton Keynes, MK11 3LW, UK
UKHW020445200726
13857UKWH00002B/575

9 782012 895744